Marc Duquet · Sébastien Reeber

Die Mauser

Marc Duquet · Sébastien Reeber

Die Mauser

Das Praxisbuch für Ornithologen

Haupt Verlag

Inhalt

Einleitung

Bei der Beobachtung der Vögel in der Natur stellten die Ornithologen sehr schnell fest, dass sich das Gefieder je nach Geschlecht oder Alter der Vögel unterscheidet und dass es sich bei bestimmten Arten auch je nach Jahreszeit verändert. Die Bedingungen früherer Zeiten ließen jedoch nur Beobachtungen auf große Entfernung oder sehr flüchtige Begegnungen zu (oder aber sehr nahe Beobachtungen an toten Tieren, als Fernglas und Spektiv das Gewehr noch nicht abgelöst hatten). Die Vorgänge hinter den genannten Veränderungen, die Mauser, wirklich zu verstehen, war unter diesen Bedingungen nicht möglich.

Außerdem findet Feldornithologie vorzugsweise im Frühjahr und im Frühsommer statt, wenn die Männchen am auffallendsten gefärbt und am aktivsten sind (Gesang, Balzverhalten etc.). Dies hat unsere Wahrnehmung des Gefieders der unterschiedlichen Vogelarten zusätzlich geprägt. So wurde das Prachtkleid, das – gemessen an der Dauer des jährlichen Zyklus – nur während einer kurzen Zeit getragen wird, schon immer als das Hauptkleid der Vogelarten behandelt, und es steht in den Vogelführern bis heute an erster Stelle. Zweifellos hat das Prachtkleid den Vorteil, dass sich eng verwandte Arten leichter voneinander unterscheiden lassen, beispielsweise die meisten Fliegenschnäpper, einige Ammern, Rotschwänze, Pieper und Stelzen, aber auch die Seeschwalben, die dunkelköpfigen Möwen, die kleinen Watvögel (Wassertreter, Schnepfenvögel, Regenpfeifer), nicht zu vergessen die Enten, Lappentaucher, Seetaucher etc.

Jedoch ist das Prachtkleid nicht das Kleid, das der Vogel die längste Zeit trägt, weder bezogen auf den Jahreszyklus noch auf die Lebenszeit. Zudem kennzeichnet das Prachtkleid häufig nur die Männchen, während das Gefieder der Weibchen neutraler gefärbt ist. Dieses ähnelt generell dem Schlichtkleid (oder Winterkleid) der Art. Das Hauptkleid der Art ist also das Schlichtkleid, da dieses während der meisten Zeit des Jahres getragen wird. In der Terminologie nach Humphrey und Parkes wird daher davon ausgegangen, dass alle Vogelarten ein Basiskleid und zahlreiche Vogelarten zusätzlich ein Alternativkleid aufweisen. Von wenigen Ausnahmen abgesehen, entsprechen diese dem Schlichtkleid bzw. dem Prachtkleid.

Das Wissen um die Mauservorgänge, die beim Übergang von einem Kleid zum anderen stattfinden, war lange Zeit ein Privileg weniger sogenannter Labornithologen und einiger sehr erfahrener Beringer. Seit einigen Jahrzehnten haben die Feldornithologen jedoch erkannt, welche wichtige Rolle die Mauser bei der Bestimmung der Vögel spielt, insbesondere für die genauere Bestimmung des Alters, gelegentlich jedoch auch für die Identifizierung der Art.

Heute ist es durch die sprunghafte Entwicklung der digitalen Fotografie und die einfache

Stare in der Mauser
Am Ende des Sommers wird das einfarbig braune Gefieder der jungen Stare nach und nach durch das schwarze Winterkleid mit seinen weißen Punkten ersetzt. Frankreich, August © Christian Aussaguel

Verfügbarkeit der Digiskopie – der Fotografie durch ein Spektiv oder auch durch ein Fernglas, teilweise mit Unterstützung eines Mobiltelefons – dagegen bei den meisten Beobachtungen relativ einfach möglich, detaillierte Aufnahmen des Gefieders der Vögel zu erhalten. Solche Aufnahmen lassen sich dann genau überprüfen. Mit ihrer Hilfe können beispielsweise Mauserstadium, gleichzeitiges Vorhandensein von Federn unterschiedlicher Generationen, Restbestände von Federn des Jugendgefieders etc. erkannt werden. Der Beobachter hat damit die Möglichkeit, über die Bestimmung der Art hinaus weitere Aussagen zu treffen, insbesondere hinsichtlich des Alters.

Dieser Führer bietet die Möglichkeit, sich gründlich mit dem Gefieder der Vögel vertraut zu machen, die Prinzipien der Mauser zu verstehen, die unterschiedlichen Mauserstrategien verschiedener Arten zu erkennen und diese Kenntnisse schließlich bei der Bestimmung der Vögel im Gelände anzuwenden.

Federn und Gefieder

Was ist eine Feder?

Genau wie Fell, Haare, Nägel, Klauen und Hufe der Säugetiere oder auch die Schuppen von Reptilien bestehen die Federn von Vögeln vollständig aus **Keratin** (von griechisch *keras/keratos*, Hornsubstanz), einem schwefelhaltigen Faserprotein, das in der Oberhaut dieser Wirbeltiere gebildet wird. Das Keratin von Reptilien und Vögeln, das sogenannte β-Keratin unterscheidet sich jedoch hinsichtlich der Molekülstruktur vom α-Keratin (oder Cytokeratin) der Säugetiere: β-Keratin weist eine gefaltete Struktur auf (ungefähr vergleichbar mit einem Werbefaltblatt), was ihm eine größere Steifigkeit verleiht, als es beim helixartigen α-Keratin möglich ist. β-Keratin ist leicht und biegsam, jedoch gleichzeitig fest, undurchlässig und beständig gegen die meisten Lösemittel und proteolytischen Enzyme.

Aufbau der Feder

Eine Feder besteht typischerweise aus drei Hauptbereichen:

- Die **Spule** ist das steife Hornrohr, das unten aus der Feder herausragt und mit dem die Feder im Körper verankert ist.
- Der **Schaft** ist im Gegensatz zur Spule nicht hohl. Er bildet die Verlängerung der Spule, reicht bis zum distalen (oberen) Ende der Feder und ist relativ biegsam. An der Unterseite der Feder ist er eingekerbt oder flach, an der Oberseite der Feder hingegen gerundet oder leicht gewölbt.
- Die **Fahne** stellt den eigentlichen Federteil dar. Sie besteht aus parallelen **Federästen**, die auf ein und derselben Ebene zu beiden Seiten des Schafts angeordnet sind und von diesem schräg (im Winkel von ca. 45°) ausgehen. Von jedem Federast gehen wiederum parallele Nebenstrahlen, die **Haken- und Bogenstrahlen,** aus, die kleine Häkchen beziehungsweise Krempen aufweisen, sich mit den angrenzenden Federstrahlen verhaken und so eine Fläche bilden. Abhängig von ihrer Position im Verhältnis zum Rumpf werden die beiden Hälften der Fahne als **Innenfahne** (auf der zum Rumpf hin oder nach hinten gerichteten Seite des Schafts) und **Außenfahne** (auf der vom Körper weg oder nach vorn gerichteten Seite des Schafts) bezeichnet. Bei den langen Federn der Flügel (ausgenommen den symmetrischeren Schirmfedern) und des Schwanzes ist die Außenfahne im Allgemeinen schmaler als die Innenfahne. Ist der Schaft gekrümmt, befindet sich die Innenfahne also an der Innenseite der Krümmung.

Es gibt auch einfacher aufgebaute Federn, die meist biegsamer sind und von denen manche, wie die Daunen, sogar keinen Schaft aufweisen (siehe weiter unten).

Steuerfeder eines Wanderfalken

Entwicklung einer Feder

Jede Feder hat ihren Ursprung in einem **Federfollikel** oder Federbalg, einem kleinen Auswuchs der Oberhaut. Aus diesen Follikeln wachsen die Federn heraus, und die fertig ausgebildeten Federn bleiben in den Follikeln verankert. Die Follikel bilden auf der Hautoberfläche der Vögel Linien aus winzigen Erhebungen, gut erkennbar bei einem gerupften Hähnchen. (Beim Phänomen einer «Piloerektion» – mit anderen Worten: wenn wir eine «Gänsehaut» haben – sind es die Haarfollikel, die an der Hautoberfläche sichtbar werden, wenn sich unsere Haare aufrichten. Diese entsprechen den Federfollikeln.)

Die Feder entsteht also unter der Oberhaut durch schnelle Vermehrung von Wachstumszellen, die eine hornige Hülle, die **Federscheide**, bilden, welche die Blutgefäße und Nerven umfassende Federpulpa enthält. Die Federscheide verlängert sich und durchbricht schließlich die Oberhaut, während sich in ihrem Inneren gleichzeitig die Feder entwickelt: An ihrer Basis bilden sich Verzweigungen, die sich zu Bogen- und Hakenstrahlen entwickeln. Diese verbinden sich zu den Federästen, die wiederum an ihrer Basis verschmelzen und so den Schaft bilden. Die Federscheide, die ihre endgültige Größe innerhalb weniger Tage erreicht, schützt die entstehende Feder und gibt ihr eine zylindrische Form vor, bis sie sich an der Spitze aufzulösen beginnt und die neue Feder

Detail der Struktur einer Feder *(oben)*
Die zu beiden Seiten des Schafts angeordneten Federäste (gelb) tragen die Hakenstrahlen (grün) mit ihren winzigen Häkchen und die Bogenstrahlen (braun) mit ihren Krempen. Die Häkchen haken sich an den Krempen fest und stellen den Zusammenhalt der die Fahne bildenden Federäste sicher.
(Sébastien Reeber)

Entwicklung einer Feder *(unten)*
Aus dem Federfollikel (a) wächst die Federscheide (b) heraus, in deren Innerem sich die um sich selbst aufgewickelte Feder entwickelt. Wenn die Federscheide ihre endgültige Länge erreicht hat, beginnt sie an der Spitze zu zerfallen (c) und die Spitze der Feder wird sichtbar (d). Die Federscheide löst sich auf, wenn die Feder ihre endgültige Größe erreicht hat (e), bis sie schließlich vollständig verschwunden ist (f).
(Sébastien Reeber)

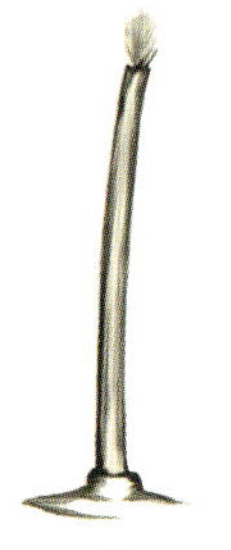

Schneegans
Wenn sie nachwachsen, können die langen schwarzen Federn (Handschwingen) an den Flügeln der Schneegans bis zu 1 cm pro Tag wachsen. Québec, Mai © Marc Duquet

durchbricht. Im Inneren der Federscheide ist die Feder der Länge nach mit der Oberseite nach außen um die eigene Achse herum aufgewickelt. Die Feder entwickelt sich also von der Basis her, wobei der distale Teil des Schafts mit den beiden Fahnen zuerst erscheint, während die Spule zuletzt gebildet wird. Unter dem Einfluss von Reibung verschwindet die Federscheide. Über die Basis der Spule bleibt die Feder in der Haut verankert. Die voll entwickelte Feder ist also nur noch eine steife Struktur aus totem Gewebe ohne jede Blutversorgung und ohne Nerven.

Geschwindigkeit des Federwachstums

Es ist bekannt, dass die Wachstumsgeschwindigkeit der Federn von der Größe des Vogels und der Länge der Feder abhängt, aber genaue Daten hierzu gibt es wenige. Nachfolgend sind einige Zahlen aufgeführt, wobei in Klammern die Bedingungen für ihre Ermittlung und, soweit bekannt, die Zahl der betreffenden Vögel angegeben sind.

- **Gimpel** (4 Vögel in Gefangenschaft): Das Wachstum einer Handschwinge dauert im Durchschnitt zwischen 20 und 28 Tagen, das Wachstum einer Armschwinge zwischen 18 und 21 Tagen.
- **Grünfink** (6 Vögel in Gefangenschaft) – die Handschwingen wachsen in 18 bis 31 Tagen, die Armschwingen in 18 bis 21 Tagen.
- **Taiga-/Alpenbirkenzeisig** (8 Vögel in Gefangenschaft): Arm- und innere Handschwingen wachsen jeweils in 14 Tagen, während das Wachstum der längsten äußeren Handschwingen im Falle der H9 (siehe S. 31) bis zu 21 Tage dauert. Das Wachstum des äußeren Steuerfedernpaares dauert beim Alpenbirkenzeisig 20 Tage (bei 2,4 mm pro Tag), beim Taigabirkenzeisig, dessen Schwanz länger ist, 21 Tage (bei 2,7 mm pro Tag).
- **Amsel** (1 in Gefangenschaft geschlüpftes und aufgezogenes Küken) – die Federscheiden öffnen sich rund zehn Tage nach dem Schlüpfen. Zuerst erscheinen die Schwungfedern, deren Wachstum rund 25 Tage andauert. Die Schwanzfedern entwickeln sich zuletzt, erst nach dem 17. Tag, und erreichen ihre endgültige Länge etwa am 35. Tag.
- **Kiebitzregenpfeifer** (überwinternde Wildvögel) – das Wachstum der Armschwingen dauert 18 bis 31 Tage.
- **Schneegans** (Wildvögel an ihrem Mauserplatz) – die Wachstumsgeschwindigkeit der 9. Handschwinge beträgt bei adulten Weibchen im Durchschnitt 7,1 mm pro Tag, sie schwankt jedoch je nach Jahr zwischen 4,3 und 11,3 mm pro Tag.
- **Höckerschwan** (Wildvögel an ihrem Mauserplatz) – die Schwungfedern der adulten Männchen wachsen insgesamt 66–67 Tage, diejenigen der adulten Weibchen etwa eine Woche weniger.

Winterammer, juvenil *(gegenüber)*
Zu beachten sind die sehr kurzen Flügel und vor allem der sehr kurze Schwanz dieser jungen Winterammer, einer nordamerikanischen Ammerart. Die Federn sind noch mitten im Wachstum. Kalifornien, Mai © Marc Duquet

Die verschiedenen Federtypen

Es werden sieben große Federtypen unterschieden, die jeweils ihre eigene Funktion haben, wie Schutz des Körpers gegen Stöße, Sonnenstrahlen oder Regen, Isolierung gegen Kälte und Hitze zur Aufrechterhaltung einer gleichmäßigen Körpertemperatur, attraktive Erscheinung für die Partnersuche, Flugfähigkeit etc.

Federn für den Flug

Die relativ großen, steifen Federn, die den wesentlichen Teil der Flügel und die Gesamtheit des Schwanzes bilden, werden als **Großgefieder** bezeichnet. Die Federn des Großgefieders weisen die beschriebene klassische Form auf, mit überstehender Spule, einem Schaft bis zur Spitze der Feder und einer voll ausgebildeten Fahne, deren Federäste eng miteinander verhakt sind. Dies macht sie völlig undurchlässig, sogar für Luft, weshalb sie für das Fliegen von essenzieller Bedeutung sind.

Die **Schwungfedern** sind unabdingbare Voraussetzung für die Flugfähigkeit, da sie den größten Teil der Flügel bilden. Es handelt sich um lange, mehr oder weniger asymmetrische Federn, die recht steif, gleichzeitig aber auch flexibel sind. Je nach ihrer Position auf dem Flügel werde sie in Handschwingen (äußerer Bereich des Flügels = Hand) und Armschwingen (innerer Bereich des Flügels = Unterarm) unterschieden. Je nach Art weist ein Flügel zwischen 18 und 35 Schwungfedern auf. Die Schwungfedern sorgen beim Fliegen für Auftrieb und Vortrieb. Die **Steuerfedern** bilden den Schwanz. Sie ähneln den Schwungfedern, sind jedoch symmetrischer. Häufig sind 12 Steuerfedern (6 symmetrisch angeordnete Paare), bei großen Vogelarten kommen jedoch bis zu 24 Steuerfedern vor. Mit seiner großen Beweglichkeit spielt der Schwanz eine wichtige Rolle bei der Stabilisierung des fliegenden Vogels in Längsrichtung. Außerdem ermöglicht es der Schwanz dem Vogel, die Flugrichtung zu ändern, langsamer zu werden und bei langsamem Segeln die Flughöhe zu halten.

Schützende Federn

Die folgenden drei Federtypen bilden den Hauptteil des Gefieders eines Vogels (mehrere tausend Federn). Sie verleihen ihm seine Gestalt und Farbe und schützen seinen Körper gegen äußere Angriffe. Dies gilt insbesondere für die kleinen und biegsamen **Deckfedern**, das **Kleingefieder**. Sie bedecken den Körper des Vogels vollständig, einschließlich des vorderen Teils der Flügel, wo sie als **Flügeldecken** (im Gegensatz zu den **Körperfedern** an Kopf und Rumpf) bezeichnet werden. Die Deckfedern bilden den am besten sichtbaren Teil des Gefieders und verleihen dem Vogel seine Farben. Sie werden auch als **Konturfedern** bezeichnet

Steinschmätzer, juvenil
Dieses Küken wechselt gerade zum Jugendkleid: An den Flügeln und am Rumpf sind schon echte Federn sichtbar (Schwungfedern und Armdecken am Flügel, Deckfedern am Rumpf), aber am Kopf sind noch Dunen übrig.
Frankreich, Juli © Didier Pépin

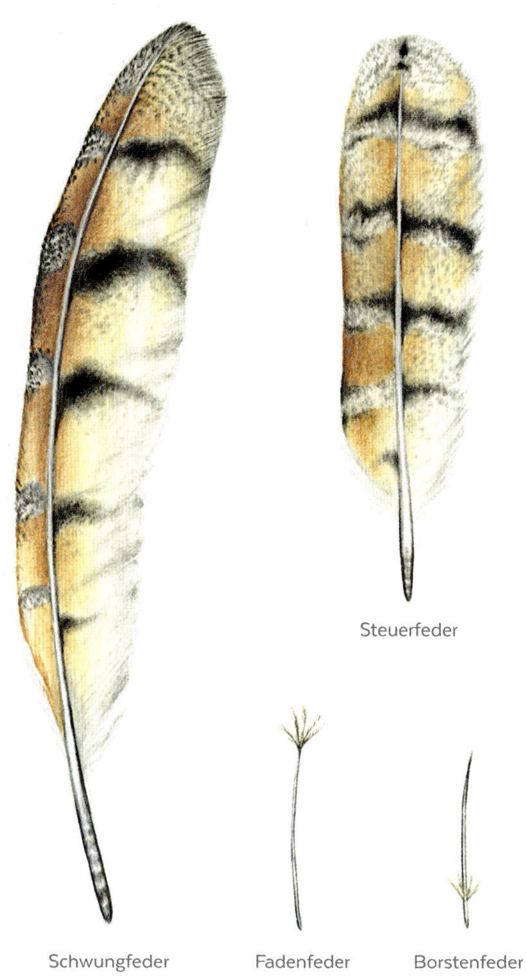

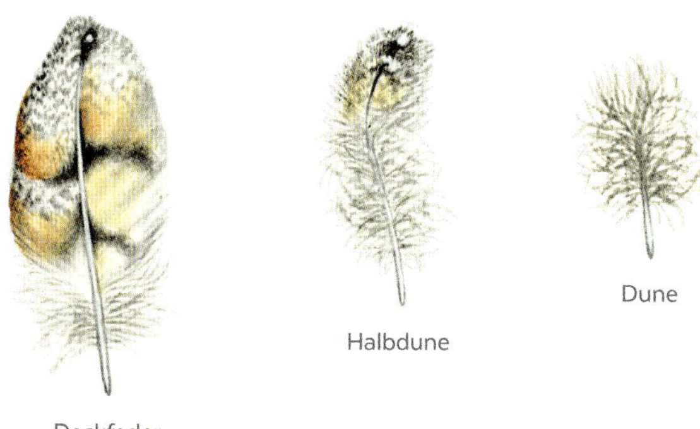

Unterschiedliche Federtypen
Federn des Großgefieders (Schwungfeder und Steuerfeder), Federn des Kleingefieders (Deckfeder, Halbdune und Dune) und Spezialfedern (Fadenfeder und Borstenfeder) einer Schleiereule. (Sébastien Reeber)

(wobei den Konturfedern von manchen Autoren auch einerseits die Schwungfedern und Steuerfedern, andererseits die Halbdunen zugeordnet werden). Da sie für Wasser und Luft undurchlässig sind, spielen sie auch eine wesentliche Rolle als Schutz gegen Wind, Regen und Sonne (ultraviolette Strahlung). Die **Halbdunen** ähneln den Deckfedern, von denen sie zum großen Teil verdeckt werden. Jedoch weisen ihre Federstrahlen keine Häkchen auf, sodass sie flaumiger wirken. Sie spielen eine wichtige Rolle bei der thermischen Isolierung des Körpers. Dasselbe gilt für die **Dunen**, deren Struktur noch feiner und seidiger wirkt, da sie nicht nur keine Häkchen, sondern auch keinen Schaft besitzen. Die Dunen sind unter den Deckfedern und den Halbdunen völlig verborgen. Sie befinden sich in direktem Kontakt mit der Haut des Vogels und haben die Funktion, die Körperwärme zu bewahren. Die Dunen, welche Küken vor ihrem ersten richtigen Gefieder tragen, weisen eine einfachere Struktur auf als die Dunen der adulten Vögel. Sie werden von den Federn des Jugendkleids aus den Federfollikeln herausgeschoben und sitzen häufig wie ein flaumiges Büschel an der Spitze der Federn des juvenilen Vogels. Einige nicht verwandte Vogelarten, beispielsweise Reiher oder Papageien, weisen **Puderdunen** (oder Puderfedern) auf, deren Federäste zu einem Puder zerfallen. Man nimmt an, dass dieser Puder der Körperreinigung dient und das Gefieder wasserabweisend macht.

Sensorfedern

Schließlich gibt es noch zwei weitere Federtypen. Sie sind einfacher aufgebaut und haben sensorische Funktion: Die kleinen **Fadenfedern** bestehen aus einem sehr feinen Schaft mit einem winzigen Bündel lockerer Federäste an der Spitze. Diese sensorisch empfindlichen Federn liefern dem Vogel Informationen über die Stellung der umliegenden Konturfedern. Die **Borstenfedern** schließlich sind die einfachsten Federn: Sie bestehen nur aus einem sehr feinen, aber steifen Schaft und einigen wenigen Federästen an der Basis. Sie dienen normalerweise bei bestimmten Vogelarten dem Schutz der Augen und des Gesichts, insbesondere bei nachtaktiven Arten wie Nachtgreifvögeln und Nachtschwalben.

Federkleid

Die Gesamtheit der Federn eines Vogels wird als Gefieder bezeichnet. Der sichtbare Teil des Vogels, sein Aussehen und die unterschiedlichen Veränderungen, die sich im Laufe seines Lebens zeigen, insbesondere abhängig von Alter und Jahreszeiten, wird als Kleid bezeichnet.

Es gibt mehrere Möglichkeiten, das Federkleid zu beschreiben. Dabei unterscheiden die Vogelbeobachter am häufigsten die Kleider, die aufgrund ihres unterschiedlichen Erscheinungsbildes oder ihrer unterschiedlichen Färbung leicht zu erkennen sind: Im Wesentlichen handelt es sich um Jugendkleid und Alterskleid, Kleider der männlichen und weiblichen Tiere oder Prachtkleid und Schlichtkleid (oder Winterkleid). Dieser Ansatz funktioniert für die im Freiland beobachteten Vögel relativ gut. Einen anderen Ansatz, der von Ornithologen zunehmend verwendet wird, ist das Bezeichnungssystem nach Humphrey und Parkes (siehe weiter unten), das den unterschiedlichen Mauserstrategien Rechnung trägt, insbesondere auch von tropischen Arten, Seevögeln und anderen Arten, die keinen Jahreszyklus aufweisen. Nach diesem Bezeichnungssystem ist das Kleid lediglich die Folge einer Mauser, unabhängig von Färbungskonzepten, Jahreszeiten, Alter, Geschlecht oder sozialer Funktion.

Alter und Kleider

Bei praktisch allen Arten verändert sich das Kleid in Abhängigkeit vom Alter des Vogels, sodass sich junge und adulte Individuen unterscheiden lassen. So weisen Sperlingsvögel mindestens ein **Jugendkleid** und ein **Alterskleid** auf. Manche Arten erreichen ihr vollständiges Alterskleid jedoch erst am Ende ihres zweiten Kalenderjahrs und weisen vor-

Rotkehlchen, juvenil
Das Jugendkleid hat eine braune Grundfarbe, ist rötlich gefleckt, die orangefarbene Kehle fehlt. Frankreich, Juni © Thierry Quelennec

Rotkehlchen, adult
Das Alterskleid unterscheidet sich vom Jugendkleid, aber die Silhouette ist ähnlich. Frankreich, Oktober © Olivier Penard

Hakengimpel, Männchen
Der Körper des Männchens ist zum größten Teil rot und grau mit zwei deutlich sichtbaren weißen Flügelbinden.
Finnland, Juni © Marc Duquet

Hakengimpel, Weibchen
Beim Weibchen ist das Himbeerrot des Gefieders des Männchens durch einen gelblichen Ton ersetzt.
Finnland, Juni © Marc Duquet

her noch ein weiteres Kleid auf, das Federkleid des **zweiten Kalenderjahres.** Bei Großvögeln, die ihr voll ausgebildetes Alterskleid erst nach mehreren Jahren erreichen (beispielsweise Großmöwen, Adlern, Tölpeln, Albatrossen), kann anhand des Gefieders im Allgemeinen das Alter der immaturen Vögel grob abgeschätzt werden (3. Kalenderjahr, 4. Kalenderjahr etc.) oder es lassen sich zumindest verschiedene Stadien des Gefieders unterscheiden. Der Steinadler beispielsweise erreicht sein Alterskleid erst nach 6 oder 7 Jahren. Der einzelne Vogel trägt nacheinander das Jugendkleid, das 2., 3. und 4. Kleid, das Subadultkleid und schließlich das Alterskleid. Jedoch können Individuen gleichen Alters je nach körperlichem Zustand und individueller Wachstums- und Mausergeschwindigkeit unterschiedliche Gefiederstadien aufweisen. Je länger sich die Ausbildung des Alterskleides hinzieht (bis zu 20 Jahre beim Wanderalbatros), desto schwieriger lässt sich das genaue Alter eines Individuums bestimmen.

Unterschiedliche Kleider nach Geschlecht

Zahlreiche Vogelarten weisen einen (mehr oder weniger ausgeprägten) Geschlechtsdimorphismus auf, der es ermöglicht, **männliche** und **weibliche Tiere anhand ihrer Kleider zu unterscheiden.** Männliche und weibliche Mönchsgrasmücken beispielsweise weichen lediglich in der Farbe der Kopfplatte (schwarz beim Männchen, zimtbraun beim Weibchen) voneinander ab, Kohlmeisen in der Breite des schwarzen Längsstreifens an Brust und Bauch. Bei anderen Arten, beispielsweise den Enten oder den Weihen, ist der Geschlechtsdimorphismus so stark ausgeprägt, dass männliche und weibliche Tiere zu unterschiedlichen Arten zu gehören scheinen.

Trägt das Männchen einer Art ein auffällig farbiges Gefieder, so dient dies dazu, ein Weibchen zu gewinnen und sich mit ihm fortzupflanzen. Umgekehrt ist das Gefieder des Weibchens häufig sehr unauffällig, stumpf oder gar unscheinbar und bietet gute Tarnung, wenn es brütend auf dem Nest sitzt. In dieser Zeit ist das Weibchen sehr angreifbar.

ANZAHL DER FEDERN

Die Gesamtzahl der Federn eines Vogels – Schwungfedern, Steuerfedern, Deckfedern und Halbdunen (Dunen und Fadenfedern nicht eingerechnet) – steigt offenkundig mit der Größe des Vogels, ist aber auch abhängig von der Jahreszeit: Nach der Vollmauser im Herbst besitzen die Vögel zu Beginn des Winters tatsächlich mehr Federn als im Sommer, was seine Ursache sicher in den klimatischen Bedingungen hat. Sie verlieren die Federn nach und nach bis zur darauffolgenden Vollmauser. In den 1930er-Jahren wies der amerikanische Ornithologe Alexander Wetmore nach, dass die Singammer zwischen März und Juli 44 % ihrer Federn verliert. Bei der Carolinameise zählte Wetmore im Februar 1704 Federn und im Juni 1140 Federn, also 32 % weniger. Den gleichen Unterschied stellte er beim Goldzeisig fest, der jedoch im Frühjahr eine Teilmauser zum Prachtkleid durchläuft: Im Winterkleid (Basiskleid, Anfang März) weist dieser amerikanische Zeisig bis zu 2368 Federn auf, während es im Juni im Prachtkleid (Alternativkleid) nur noch 1439 Federn sind, also 64 % weniger als im Winter.

Aufgrund ihrer geringen Größe sind die Kolibris die Vögel mit der geringsten Anzahl von Federn. Der Rubinkehlkolibri besitzt 940 Federn. Dies lässt darauf schließen, dass die Bienenelfe, um ein Drittel kleiner als der Rubinkehlkolibri und der kleinste Vogel der Welt, nur 700 oder 800 Federn besitzt. Goldhähnchen weisen ungefähr 1200–1300 Federn auf, Schwalben ungefähr 1500, Ammern 2500–3000, Großmöwen über 6500, ein Haushuhn gut 8300, Enten ungefähr 12 000 und Schwäne bis zu 25 000!

Ohrentaucher im Prachtkleid *(oben)*
Viele Lappentaucher weisen ein farbenprächtiges Prachtkleid mit büschelartigen Schmuckfedern am Kopf auf, aber Männchen und Weibchen sind gleich gefärbt. Island, Juni © Fabrice und Laurent Desage

Ohrentaucher im Schlichtkleid *(unten)*
Im Winter tragen alle Lappentaucherarten ein neutrales Federkleid, das an der Oberseite schwarzbraun und an der Unterseite weiß gefärbt ist. Frankreich, November © Aurélien Audevard

Jahreszeitliche Kleider

Bei anderen Arten wiederum, wie den Seetauchern, den Lappentauchern, zahlreichen Schnepfenvögeln etc., legen die Männchen (gelegentlich auch die Weibchen) im Frühjahr vor der Brutzeit ein besonderes, häufig farbenprächtiges Federkleid an, das sogenannte **Prachtkleid**. Das **Schlichtkleid** oder **Winterkleid ähnelt häufig dem Federkleid der Weibchen.** Bestimmte Vogelarten, wie die Schneeammer, weisen abhängig von Alter, Geschlecht und Jahreszeit bis zu sieben unterschiedliche Federkleider auf: Jugendkleid, männlich und weibliches Kleid im ersten Winter, männliches und weibliches Prachtkleid, männliches und weibliches Schlichtkleid.

Krickentenpaar *(links)*
Bei den Schwimmenten ist das Prachtkleid der Männchen auffällig farbig, während das Federkleid der Weibchen immer zurückhaltend braun, marmoriert und schwarz gefleckt ist.
Spanien, Dezember © Marc Duquet

Aufbau des Gefieders

Bei den meisten Vögeln sind die Federn am Rumpf und an den Flügeln nicht gleichmäßig verteilt. Es gibt in der Haut vielmehr Bereiche, in denen Federn wachsen, die **Federfluren** (wiss. *Pterylae*), und Bereiche ohne Federn, die **Federraine** (wiss. *Apteriae*), wo allenfalls manchmal einige Halbdunen sowie Dunen vorkommen. Die Art, wie die Federfluren und Federraine über den Körper des Vogels verteilt sind, wird als **Pterylose** bezeichnet. Bei einigen wenigen Arten ist der Körper jedoch gleichmäßig von Federn bedeckt. Diese Arten bilden keine homogene Gruppe; es handelt sich um flugunfähige Vögel wie Pinguine, Strauße und Nandus, aber auch die Tukane.

Befiederte Bereiche

Innerhalb einer Federflur oder Pteryla sind die Follikel in gleichmäßigen Reihen angeordnet. Sie bilden auf der Haut des Vogels eine Art Gittermuster, wie sich bei gerupften Hähnchen sehr gut erkennen lässt. Die allermeisten Vogelarten weisen im Wesentlichen acht Federfluren auf:

- Die **Kopfflur** erstreckt sich über Oberseite und Seiten des Kopfs, von der Basis des Oberschnabels bis zur Verbindung zwischen Schädel und Wirbelsäule. Sie schließt auch Stirn, Scheitel, Schopf, Nacken, Ohrdecken und Zügel ein.
- Die **Rückgratflur** erstreckt sich entlang der Wirbelsäule von der Basis des Nackens bis zur Wurzel des Schwanzes. Sie umfasst also die Mitte des Mantels und des Rückens sowie den Bürzel.
- Die **Unterflur** verläuft von der Vorderseite des Halses bis zum unteren Ende des Bauches, wobei sie sich zwischen Brust und Kloake in zwei seitliche Bänder aufteilt. Sie deckt Kinn, Kehle, Brust, Flanken, Bauch und Steiß ab.
- Die **Schwanzflur** definiert den Schwanz. Sie umfasst also die Steuerfedern, aber auch die Ober- und Unterschwanzdecken.
- Die **Schulterflur** (genauer gesagt die Schulterfluren, denn es befindet sich je eine auf jeder Seite des Rumpfs) deckt die Region der Schulter und des Oberarmknochens an der Flügeloberseite ab. Sie umfasst im Wesentlichen die Schulterfedern sowie, bei den großen Arten, die Federn und Decken des Oberarms.
- Die **Flügelflur** erstreckt sich über alle Flächen an Ober- und Unterseite des jeweiligen Flügels. Zu ihr gehören die Hand- und Armschwingen, sämtliche Ober- und Unterflügeldecken und die Achselfedern.
- **Oberschenkelflur** und **Unterschenkelflur** bedecken den oberen Bereich der Beine vom Intertarsalgelenk bis zur Schwanzbasis (bei Arten mit befiedertem Lauf ist eine Laufflur mit inbegriffen).

Unbefiederte Bereiche

Die unbefiederten Bereiche am Vogelkörper werden als Federraine oder Apteriae bezeichnet. Die wichtigsten Federraine sind der **Unterrain**, der sich in der Mitte des Bauchs zwischen der Basis der Brust und der Kloakenregion erstreckt, die **Halsseitenraine** auf beiden Seiten des Halses und die **Rumpfseitenraine** zu beiden Seiten der **Rückgratflur.** Der Unterrain spielt beim Brüten eine wichtige Rolle. Er ermöglicht es dem brütenden Vogel, die Körperwärme effizient auf die Eier zu übertragen, die er im Bereich des Unterrains in direkten Kontakt mit seiner Haut bringt. Die Fläche dieses Federrains vergrößert sich zum Ende der Brutzeit hin, indem Federn vorübergehend verloren gehen, sodass in der Mitte des Bauchs ein großer, stark durchbluteter **Brutfleck** entsteht (bei manchen Arten zwei oder drei kleinere Brutflecke). Bei den meisten Arten fallen die Federn allein durch die Wirkung von Hormonen aus; Gänse und Enten hingegen rupfen sie mit dem Schnabel aus und nutzen sie für das Nest.

Federfluren und Federraine *(rechts)*
An einem gerupften Hähnchen lassen sich die Federfluren mit ihren Reihen aus Federfollikeln sehr gut erkennen. Jede kleine Erhebung ist ein Federfollikel.

Federfluren und Federgruppen

Die Begriffe und Beschreibungen sind etwas abschreckend, aber die Anordnung der Federn in Federfluren ist für die Feldornithologie von großer Bedeutung. Die Federfluren definieren nämlich Gruppen von Federn ähnlicher Form und Farbe, auf denen die Gefiedertopografie der Vögel aufbaut (siehe weiter unten).

Zur exakten Beschreibung des Gefieders von Vögeln, insbesondere von ihnen noch nicht bekannten Arten, haben die Ornithologen eine präzise Terminologie für die verschiedenen Federgruppen des Gefieders eines Vogels entwickelt. Diese Terminologie baut zum größten Teil auf den Federfluren oder Teilen von Federfluren auf und gilt für alle Vogelarten. Jedoch ist es möglich, dass je nach Familie bestimmte Federgruppen nicht oder nur teilweise sichtbar sind oder sogar an einer anderen Stelle zu sitzen scheinen als bei den Sperlingsvögeln.

Jede Federgruppe ist mit einer oder mehreren Reihen von Federfollikeln verbunden. Innerhalb der einzelnen Gruppen weisen die Federn eine relativ ähnliche Form und Färbung auf, durch die sie sich – hinsichtlich Größe und/oder Farbe – von den angrenzenden Federgruppen mehr oder weniger stark unterscheiden. Gute Kenntnisse der Anordnung und der Namen dieser Federgruppen sind daher unabdingbar, um die Position eines Farbflecks oder -streifens an einem Vogel exakt beschreiben zu können, aber auch um den Fortschritt der Mauser eines Vogels abzuschätzen.

An den Flügeln sind die Federgruppen recht deutlich erkennbar, insbesondere bei den großen Arten (Greifvögeln, Möwen etc.), aber auch bei zahlreichen Sperlingsvögeln mit konstrastreichem Gefieder (Ammern, Piepern, Finken etc.). Am Rumpf des Vogels ist die Abgrenzung dieser Federgruppen weniger offensichtlich, während sie am Kopf trotz der kleinen Flächen recht gut erkennbar ist. Beispiele für solche Federgruppen sind die Schulterfedern, die Achselfedern, die Ober- und Unterschwanzdecken, die den basalen Bereich der Steuerfedern auf der Körperoberseite beziehungsweise -unterseite verdecken, alle Flügeldecken (große, mittlere, kleine Armdecken, Randdecken, Handdecken), die Ohrdecken etc.

Die Kopffedern

Trotz der geringen Größe im Verhältnis zum Vogel insgesamt ist der Kopf in mehrere Deckfedergruppen aufgeteilt, deren Färbung und Kontraste eine wichtige Rolle bei der Identifizierung der Arten spielen.

Nacken

Der Nacken ist der hintere Teil des Halses und ist von relativ langen, flaumigen Federn bedeckt, welche die Halsseiten hinter den Ohrdecken und der Wangenregion umhüllen. Bei den Sperlingsvögeln (mit kurzem Hals) scheint der Nacken auf den Hinterkopf reduziert zu sein. Bei Vogelarten mit langem Hals wie den großen Schreitvögeln und bestimmten Schnepfenvögeln bezieht sich der Terminus Nacken häufig nur auf den obersten Teil des Halses, während die Halsrückseite insgesamt zwischen Scheitel und Mantel als Hinterhals bezeichnet wird.

Oberkopf

Es handelt sich hier um ein Band von Federn, das sich durchgehend vom Schnabel (basaler Bereich des Oberschnabels) zum Hinterkopf (oberhalb des Nackens) über den Kopf erstreckt. Die Deckfedern sind meist kurz und wohlgeordnet. Bei manchen Arten jedoch, wie etwa dem Wiedehopf, sind sie verlängert und lockerer und bilden eine meist aufrichtbare Haube.

In der Vogeltopografie teilt sich der Oberkopf in zwei Bereiche auf: die **Stirn** zwischen dem Schnabel und einer gedachten Verbindungslinie zwischen den Augen und den **Scheitel** an der Oberseite des Schädels. Der Scheitel ist einfarbig oder häufig auch gestreift. Bei manchen Arten wie dem Regenbrachvogel weist der Scheitel drei kontrastierende Längsstreifen auf, zwei dunkle **Scheitelseitenstreifen** und einen dazwischenliegenden hellen **Scheitelstreif**, manchmal auch einfach einen farbigen Scheitelfleck.

Überaugenstreif

Der Überaugenstreif ist ein Band aus kleinen Federn, das sich ausgehend von der Basis des Oberschnabels oberhalb des Auges bis zum Hinterkopf seitlich am Kopf erstreckt. Anders als die Federn des Scheitels, die nach oben wachsen und sich nach hinten sowie geringfügig nach unten krümmen, wachsen die Federn des Überaugenstreifs seitlich und krümmen sich nach oben. Der Übergang zwischen den Federn des Scheitels und des Überaugenstreifs bildet häufig einen kleinen Grat. Zur genaueren Beschreibung des Gefieders wird dieses schmale Band in drei Bereiche unterteilt, abhängig von den unterschiedlichen Färbungen, die sie bei zahlreichen Vögeln aufweisen: den vorderen Teil (Supraloralstreif), bestehend aus dem Teil über dem Zügel zwi-

Dachsammer
Scheitelstreif, Scheitelseitenstreifen und Augenstreif sind deutlich zu erkennen. Kalifornien, November © Sébastien Reeber

Wiedehopfpaar
Die langen Scheitelfedern bilden eine Haube, die fächerartig aufgerichtet werden kann.
Spanien, Mai © Christian Aussaguel

schen Schnabel und Auge, den mittleren Teil über Auge und Ohrdecken und den hinteren Teil, der sich jenseits der Ohrdecken bis zum Nacken erstreckt und diesen vom Scheitel trennt.

Der helle Streif über den Augen, den zahlreiche Vögel aufweisen, folgt nicht unbedingt der Form des Überaugenstreifs, wobei die artspezifischen Formabweichungen durch die Färbung und nicht durch die Form der den Streif bildenden Federn bedingt sind.

Zügel

Der Zügel ist eine kleine Gruppe winziger steifer Federn, die zwischen Auge und Schnabel in konzentrischen Kreisbögen angeordnet sind. Unter dem Auge gehen die Zügelfedern ohne klare Abgrenzung in die Ohrdecken über.

Obwohl die Zügel so klein und häufig einfarbig sind, können sie bei der Unterscheidung nahe verwandter Arten (beispielsweise bestimmter Pieper) eine große Rolle spielen. Sie können bleich oder aber von einem dunklen, sogenannten **Zügelstreif** zwischen Schnabelbasis und Auge durchzogen sein.

Ohrdecken

Die Ohrdecken sind eine komplexe Gruppe kleiner Federn an der Seite des Kopfs im Bereich unter dem Auge und hinter dem Auge unter dem Überaugenstreif. Sie schützen das Ohr des Vogels, genauer gesagt, die Öffnung seines Gehörgangs. An dieser Stelle sind die Federn zackenförmig locker strukturiert, um den Luftschall besser passieren zu lassen. Die Ohrdecken sind meistens eher einfarbig graubraun. Gelegentlich findet sich im hinteren Bereich der Ohrdecken ein **Ohrfleck**, ein Punkt oder ein sehr kleiner dunkler oder heller Fleck, beispielsweise beim Waldpieper. Der obere Rand der Ohrdecken bildet bei manchen Arten eine dunkle Linie hinter dem Auge, den **Augenstreif.** Entsprechend bildet der vordere Rand der Ohrdecken bei manchen Arten einen feinen dunklen **Wangenstreif**, der von der Schnabelbasis ausgeht und schräg über die Wange verläuft. Dieser dunkle Streif wird meist durch den hellen Bartstreif betont.

Augenring

Das Auge der Vögel ist von mehreren Reihen winziger Federn umgeben. Sie sind besonders über und unter dem Auge sichtbar. Vor dem Auge gehen sie in die Zügelfedern über, hinter dem Auge bleibt der Ring offen. Der helle oder farbige Augenring ist also bei den meisten Arten zumindest hinter dem Auge unterbrochen. Manchmal sind nur zwei helle **Halbringe** ausgebildet, die über und unter dem Auge sitzen, wie bei der Schwarzkopfmöwe. Die Federn an der Übergangsstelle zwischen Augenring und Augenstreif, also genau hinter dem Auge, können dieselbe Färbung wie der Augenring aufweisen, sodass sie zusammen einen vollständigen Augenring bilden (wie bei manchen Grasmücken und Waldsängern).

Wangenregion

Ausgehend von der Schnabelbasis verläuft dieses kleine Federband unterhalb der Ohrdecken entlang und weiter bis zum Hals. Es ist im vorderen Bereich besonders deutlich zu erkennen und vermischt sich nach unten und hinten mit den Federn der Kehle und der Halsseiten.

AUGENRING ODER LIDRING?

Der **Augenring** darf nicht mit dem **Lidring** oder **Orbitalring** verwechselt werden. Der Augenring besteht aus kleinen, häufig weißen oder farbigen Federn, während der Lidring unbefiedert und im Allgemeinen gelb, orange oder rot gefärbt ist. Ein Orbitalring findet sich bei bestimmten Schnepfenvögeln, Möwen, Falken etc. oder auch bei Amseln. Die Weißbartgrasmücke (rechts) weist sowohl einen Lidring (unten links) als auch einen Augenring (unten rechts) auf, aber da sie beide rot sind, lassen sie sich nur schwer voneinander unterscheiden.

Schwarzkopfmöwe
Bei einigen kleineren Möwenarten sind im Prachtkleid alle Kopffedern schwarz, sodass sie eine «Kapuze» bilden. Ebenfalls deutlich erkennbar sind der leuchtend rote Lidring und die beiden weißen Augenring-Halbmonde.
Frankreich, April © Édouard Dansette

Hinsichtlich der Gefiedermerkmale trägt die Wangenregion fallweise einen **Bartstreif**, der hell sein kann wie bei zahlreichen Ammern und bestimmten Grasmücken wie der Weißbartgrasmücke (siehe vorherige Seite) oder auch dunkel bei Falken, beim Eichelhäher oder bei bestimmten nordamerikanischen Spechten.

Kehle

Diese Federgruppe erstreckt sich unter dem Schnabel und endet über der Brust. Zu den Seiten hin ist die Gruppe durch einen feinen Streifen nackter Haut deutlich begrenzt. Ausgehend von der Basis des Unterschnabels trennt dieser Streifen die Kehle von der Wangenregion. Der Übergang von Kehle zu Brust ist nicht genau erkennbar. Im oberen Bereich der Kehle findet sich gelegentlich eine aus den äußersten Federreihen bestehende dunkle Linie, welche die Kehle von der Wangenregion trennt. Diese Linie wird als **seitlicher Kinnstreif** bezeichnet, analog zum **zentralen Kinnstreif**, einer dunklen Linie in der Mitte der Kehle bei seltenen Reihern und Greifvögeln (Schopfwespenbussard, Schikrasperber). Der winzige Bereich am oberen Ende der Kehle, direkt unter dem Schnabel, bildet das **Kinn**, das häufig kontrastierend gefärbt, im Freiland jedoch meist schlecht erkennbar ist. Bei der Weißbartgrasmücke (vorherige Seite) ist die ziegelrote Kehle gut sichtbar, da sie von der cremefarbenen, rötlich überhauchten Brust deutlich abgegrenzt ist.

Die Rumpffedern

Der Rumpf bezeichnet den Körper des Vogels ohne den Kopf, die Flügel und den Schwanz (und natürlich ohne die Beine). Zur Bauchseite oder **Unterseite** gehören die Brust, der Bauch, die Flanken und der Steiß. Die Rückenseite oder **Oberseite** umfasst, von hinten nach vorn, den Bürzel, die Schulterfedern und den Mantel.

Brust

Diese ungefähr dreieckige Federgruppe befindet sich bei Sperlingsvögeln unter der Kehle. Tatsächlich befindet sie sich jedoch unter dem Hals, was bei Arten mit langem Hals besser erkennbar ist.
Bei Sperlingsvögeln sind die Brustfedern häufig gestrichelt, und mehrere nebeneinander angeordnete dunklen Streifen können bei manchen Arten wie dem Wiesenpieper im unteren Bereich der Brust einen **Brustfleck** bilden.

Flanke und Bauch

Die langen und lockeren Federn, welche die Seiten des Rumpfs zwischen Brust und Steiß bedecken, bilden die Flanken. In ihrem vorderen Teil, wo sie vor dem Flügel sichtbar sind, werden sie gelegentlich als Brustseiten bezeichnet, während der Terminus Flanke für das horizontale Band zwischen dem gefalteten Flügel und dem Bauch reserviert ist. Der in der Mitte der Unterseite des Rumpfs liegende Bauch ist im Allgemeinen unbefiedert (in Verbindung mit dem Unterrain), aber die nackte Bauchhaut wird von mehreren Reihen nach innen wachsender Flankenfedern bedeckt. In der Mitte des Bauchs, dort, wo die Spitzen der Flankenfedern aufeinandertreffen, ist häufig eine Furche zu sehen.

Steiß

Der Steiß bezeichnet den Bereich um die Kloake, zwischen den Flanken, dem Bauch und den Unterschwanzdecken und umfasst mehrere kleine Gruppen flaumiger Federn.

Mantel

Als Mantel wird der obere Teil des Rückens zwischen dem unteren Rand des Halses und dem Bürzel bezeichnet. Seitlich wird der Mantel durch die Schulterfedern begrenzt. Diese Federn sind ähnlich lang wie die Nackenfedern, aber weniger biegsam. Sie sind in klaren Längsreihen angeordnet, aus denen sich die Rückenstreifen zahlreicher Arten (Pieper, Lerchen, Ammern etc.) ergeben. Bei einigen Schnepfenvögeln weisen die seitlichen Federreihen eine helle Außenkante auf und bilden helle, hosenträgerartige **Bänder** auf beiden Seiten des Mantels (die Bänderung der Pieper befindet sich etwas weiter in der Mitte des Mantels).

Kronenwaldsänger
Bei dieser nordamerikanischen Vogelart trennt der leuchtend gelbe Bürzel die schwarzen, grau eingefassten Oberschwanzdecken vom grauen, schwarz gestreiften Mantel.
Québec, Mai © Marc Duquet

DER «MANTEL» DER MÖWEN

Bei den Möwen, beispielsweise der Baltischen Heringsmöwe, hat der Terminus «**Mantel**» eine andere Bedeutung. Er bezeichnet hier die gesamte, (mehr oder weniger dunkel) grau oder schwarz gefärbte Fläche des Rückens und der Flügeloberseiten, also den Mantel im eigentlichen Sinne zuzüglich der Schulterfedern, der Oberflügeldecken und der Schwungfedern. Finnland, Mai © Marc Duquet

Schulterfedern

Diese in der Schulter verankerten Federn bilden eine Zone zwischen dem unteren Halsrand und dem Bürzel. Die Schulterfedern können den Flügel in Ruhestellung teilweise verdecken. Im Flug können sie ausgebreitet werden und so die Flügelbasis abdecken.

Bei den Sperlingsvögeln sind sie verhältnismäßig undeutlich ausgebildet, bei den Schnepfenvögeln, den Möwen und anderen Nichtsperlingsvögeln hingegen bilden sie eine klar abgegrenzte Federgruppe. Bei den Möwen sind die hellen Spitzen der hinteren Schulterfedern als kleine, weiße **Schultersichel** an der Basis der Schirmfedern sichtbar. Bei bestimmten juvenilen Schnepfenvögeln bilden die oberen Schulterfedern mit ihrem weißen Außenrand ein zweites **Bänderpaar.**

Bürzel

Die langen, flaumigen Federn des Bürzels bilden den unteren Teil des Rückens. Beim ruhenden Vogel befindet sich der Bürzel unter den Flügeln, der Mantel hingegen darüber. Die Federn des Bürzels sind zum größten Teil oder vollständig unter den Schirmfedern verborgen, und die sich scheinbar vereinenden Schulterfedern trennen den Bürzel vom Mantel. Die Bürzelfedern sind generell weniger markant als die Federn des Mantels und häufig einfarbig. So ist der Bürzel bei bestimmten Sturmschwalben der Gattung *Oceanites*, bei Schnepfenvögeln und Säbelschnäblern oder beim Eichelhäher und beim Gimpel typischerweise weiß, beim Kronenwaldsänger und beim Goldhähnchen-Laubsänger gelb und bei bestimmten Finkenarten rosa oder rot.

DER «BÜRZEL» DER WEIHEN

Beim weißen «**Bürzel**» der grauen Weihen (hier eine Wiesenweihe), insbesondere der Weibchen und der Jungvögel, handelt es sich tatsächlich nicht um Bürzelfedern. Dieser helle Bereich wird vielmehr von den Oberschwanzdecken gebildet, während der Bürzel wie der Rücken braun (beziehungsweise beim Männchen grau) gefärbt ist. Frankreich, Juni © Christian Aussaguel

Rotkopfwürger, *Lanius senator* subsp. *badius (oben)*
Die Schulterfedern scheinen auf dem Rücken zusammenzuwachsen und trennen den Mantel von den Flügeln.
Frankreich, April © Aurélien Audevard

Rotkehlpieper
Die helle, fast parallele Bänderung der Pieper befindet sich zu beiden Seiten der Mantelmitte. Frankreich, Mai © Fabrice Jallu

Graubruststrandläufer
Bestimmte Schnepfenvögel zeigen eine weiße Bänderung auf Mantel und Schulterfedern. Frankreich, September © Sébastien Reeber

Blaukehlchen, männlich
Diese Art weist eine blaue Kehle (mit weißem oder rötlichem Stern) auf, aber auch ein dunkelblaues oberes Brustband und ein rostrotes unteres Brustband, die durch eine feine weiße Linie voneinander abgesetzt sind. Bauch und Flanken sind hell cremefarben.
Frankreich, März © Édouard Dansette

Die Flügelfedern

Zum besseren Verständnis der Organisation der verschiedenen Flügelfedergruppen ist es hilfreich, die Anatomie des Flügels und die Art und Weise, wie die verschiedenen Knochen miteinander verbunden sind, zu kennen.

Anatomie des Flügels

Innerhalb des Skeletts entspricht der Flügel der Vögel den vorderen Gliedmaßen der anderen Wirbeltiere (also unseren Armen) und er weist die gleichen anatomischen Bestandteile auf: Schulter(-blatt), Oberarm (Oberarmknochen), Ellbogen, Unterarm (Elle und Speiche), Handgelenk, Hand (Carpometacarpus) und Finger (Fingerknochen). Diese einzelnen Bereiche sind bei den Vögeln jedoch schwerer zu erkennen – teils, weil sie von Federn bedeckt sind, teils auch, weil manche Knochen der vorderen Gliedmaßen im Laufe der Evolution verschwunden oder zu einem einzigen Knochen verschmolzen sind.

Da der Oberarmknochen sehr kurz ist, sind Oberarm und Schulter bei den meisten Vögeln nicht sichtbar: Sie liegen am Rumpf an und sind unter den Federn verborgen, ebenso wie das Gelenk zwischen Oberarmknochen und Elle und Speiche, welches die Schulter des Vogels zu bilden scheint, während es sich tatsächlich um den Ellbogen handelt. Bei bestimmten großen Seevögeln wie den Albatrossen oder den Tölpeln ist der Oberarm jedoch gut sichtbar.

Auf den Oberarm folgt, was die Ornithologen gemeinhin (aber ungenau) als «Arm» des Vogels bezeichnen, also der scheinbar innere Teil des Flügels, der jedoch tatsächlich nur sein Unterarm mit Elle und Speiche ist.

Das Gelenk zwischen den beiden kleinen Unterarmknochen, Elle und Speiche, und der Hand, also das Handgelenk, wird häufig fälschlicherweise als «Ellbogen» des Flügels bezeichnet.

Der äußere Teil des Flügels, jenseits des Handgelenks, entspricht der Hand. Sie besteht aus dem Carpometacarpus, einem Knochen, der beim Vogel durch Verschmelzen der Handwurzelknochen und Mittelhandknochen entstanden ist, sowie drei unvollständigen Fingern. Die beiden fehlenden Finger sind im Laufe der Evolution verschwunden. Der am vorderen Ende des Carpometacarpus sitzende Finger 1 (gelegentlich als «Daumen» bezeichnet), umfasst drei kurze Fingerknochen. Finger 2 besteht aus zwei recht starken Fingerknochen und bildet den äußersten Teil des knochigen Bereichs des Flügels. Finger 3 besteht nur aus einem einzigen Fingerknochen und sitzt, nach hinten gerichtet, an der Basis von Finger 2.

Handschwingen

Diese langen Federn sind auf den Knochen der Hand (einschließlich der Finger) verankert und bilden den äußeren Teil des Flügels. Sie spielen eine wichtige Rolle beim Vortrieb des fliegenden Vogels. Die meisten Vögel besitzen zehn Handschwingen, Nichtsperlingsvögel bis zu zwölf. Zahlreiche Sperlingsvögel haben scheinbar nur neun Handschwingen, da die äußerste nur kurz oder sehr kurz und am vorderen Rand des Flügels praktisch unsichtbar ist (manchmal ist sie nicht länger als die Alula). Ebenso besitzen viele Enten, Greifvögel, Schnepfenvögel, Möwen etc. elf Handschwingen, von denen die äußerste sehr kurz und kaum sichtbar ist, sodass es nur zehn Handschwingen zu sein scheinen.

Die äußeren Handschwingen sind deutlich asymmetrisch und werden im distalen Bereich der Fahne häufig schmaler. An der Außenfahne wird dies als **Verengung** bezeichnet, an der Innenfahne als **Einbuchtung**. Die Kombination von Verengungen und Einbuchtungen lässt die äußeren Handschwingen am Ende des Flügels wie **Finger** erscheinen, was als Fingerung bezeichnet wird. Besonders deutlich sichtbar ist dies bei großen Thermikseglern (Greifvögeln, Störchen etc.) beim Segelflug, da sich die langen äußeren Handschwingen dabei stark spreizen. Die Zahl der Handschwingen ist wichtig für die Identifizierung bestimmter Adler-, Bussard- und Weihenarten.

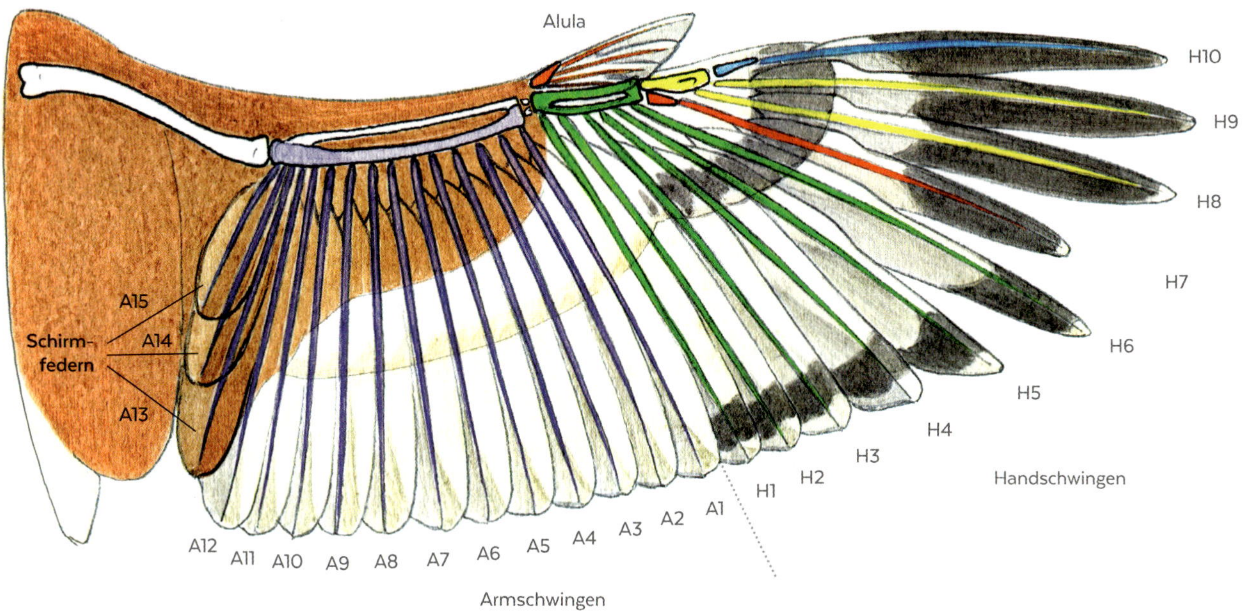

Verankerung der Schwungfedern auf den Flügelknochen
Alle Armschwingen sind auf der Elle verankert (violett dargestellt), dem größten Knochen des Unterarms. Die drei innersten Federn (A13–A15) entsprechen den Schirmfedern. Der kurze und gut bewegliche Finger 1 (orange) trägt die Alula, sichtbar vor dem Handgelenk. Die Handschwingen sind auf den anderen Knochen der Hand (Carpometacarpus sowie Finger 2 und 3) verankert. Besitzt der Vogel zehn Handschwingen (der häufigste Fall), so sind die sechs inneren Handschwingen (H1–H6) am Carpometacarpus verankert (grün), H7 ist auf dem Finger 3 verankert (rot) und die übrigen, äußeren Handschwingen auf den beiden Fingerknochen von Finger 2 – H8 und H9 auf dem ersten (gelb), H10 auf dem zweiten (blau). Dargestellt ist hier der Flügel einer adulten männlichen Zwergtrappe, deren H7 stark abgesetzt und deutlich kürzer als beim Weibchen ist (die Feder in der Abbildung hat ihre volle Größe erreicht). (François Desbordes)

Am unteren Ende weisen die Handschwingen manchmal ein helles Feld auf (häufig weiß oder gelb), dessen Form und Ausdehnung zur Unterscheidung nahe verwandter Arten (beispielsweise Halsbandschnäpper, Halbringschnäpper und Trauerschnäpper) herangezogen werden kann.

Armschwingen

Die langen, relativ symmetrischen und (abgesehen von den Schirmfedern, siehe oben) ziemlich gleich aussehenden Armschwingen sind am Unterarm verankert und bilden den körpernahen Teil des Flügels. Bei den großen Thermikseglern (Greifvögeln, Störchen etc.) entfällt der größte Teil der Flügelfläche auf die Armschwingen. Die Sperlingsvögel besitzen 9 bis 11 Armschwingen. Abhängig von der Größe des Vogels kann die Zahl der Armschwingen jedoch deutlich kleiner oder größer sein, von 6 bei bestimmten Kolibriarten bis zu 25 beim Mönchsgeier.

Ist der Flügel geschlossen, liegen die Armschwingen eng aufeinander, sodass nur der Rand der Außenfahne sichtbar ist. Ist dieser Rand hell, so bilden die Armschwingen ein helles **Armflügelfeld**, beispielsweise bei der Weidenmeise oder bei den Rohrsängern und Rotschwänzen. Dieses Armflügelfeld setzt sich manchmal bei den Handschwingen fort, sodass sich eine **Flügelbinde** ergibt, wie beim Stieglitz oder bestimmten Enten.

Bei den meisten Schwimmenten (Gattung *Anas)* weisen die Armschwingen an der Oberseite eine lebhafte, schillernde Färbung auf. Diese bildet den **Spiegel**, der vor allem im Flug, teilweise aber auch beim ruhenden Vogel sichtbar ist. Die Farbe des Spiegels kann zur Unterscheidung der Weibchen dienen, deren Tarngefieder sich zwischen den verschiedenen Arten sonst kaum unterscheidet.

Schirmfedern

Drei an der Zahl bei den meisten Sperlingsvögeln (jedoch vier bei den Lerchen und dem Pirol sowie vier oder fünf bei den Rabenvögeln), sitzen die Schirmfedern an der Basis des Flügels. Es handelt sich um die innersten Armschwingen, die in Färbung und Form etwas von den übrigen Armschwingen abweichen. Beim geschlossenen Flügel decken sie die Arm- und Handschwingen weitgehend ab und schützen sie so gegen Ausbleichung durch die Sonne sowie vor allem gegen Abnutzung (insbesondere bei Arten wie Piepern und Lerchen, die sich in grasig-krautigem Gelände auf dem Boden bewegen). Wie die anderen Armschwingen sind die Schirmfedern auf der Elle verankert.

Es gibt einen weiteren Typ von Federn, die zu den Schirmfedern gezählt werden. Es handelt sich um die **Oberarmfedern** (ebenfalls drei oder vier Federn), die am Oberarmknochen sitzen. Sie sind typisch für Arten mit sehr langen Flügeln wie beispielsweise Pelikane oder Störche, bei denen der (eigentliche) Oberarm sehr viel stärker entwickelt ist als bei den Sperlingsvögeln. Aber unabhängig davon, ob es sich um Oberarmfedern oder die innersten Armschwingen handelt, weisen die Schirmfedern eine spezifische Anordnung auf: Die eine Feder verdeckt die Basis der nächsten Feder in Richtung ihrer Achse, ungefähr wie Dachpfannen. (Hingegen sind die übrigen Armschwingen und die Handschwingen nebeneinander angeordnet, sodass die Außenfahne jeder Schwinge jeweils über der Innenfahne der nächstäußeren Schwinge liegt.) Die innerste Schirmfeder (am nächsten zum Kopf des Vogels) ist die kürzeste, die zweite ist mittellang. Die dritte Schirmfeder (deren Spitze die Armschwingen verdeckt) ist die längste. Sie ist auch deutlich länger als die anderen inneren Armschwingen.

Kurzzehenlerche
Leichte Unterschiede in der Färbung ermöglichen es häufig, die Federgruppen des Flügels zu unterscheiden. Bei dieser Lerche sind die langen Handschwingen dunkelbraun, die Außenfahne der Armschwingen ist cremefarben gesäumt und die Schirmfedern sind fast einheitlich cremefarben. Die Handdecken sind hellbraun mit dunkelbrauner Spitze. Die Alula ist an der Basis zum großen Teil schwarzbraun. Die großen Armdecken weisen an der Spitze ein breites cremefarbenes Band auf, das die untere Flügelbinde bildet, die mittleren Armdecken mit ihrer Schwarzfärbung in der Mitte und ihrer rötlich cremefarbenen Spitze bilden die obere Flügelbinde. Die kleinen Armdecken sind cremefarben-braun wie auch die Randdecken. Frankreich, Oktober © Thierry Quelennec

Bei den Möwen bildet die helle Spitze der Schirmfedern auf dem geschlossenen Flügel die **Schirmfedersichel**, die besonders bei Arten mit dunklem Mantel sichtbar ist.

Alula

Die Alula sitzt am Finger 1 und umfasst meist drei oder vier kleine, sehr steife Federn (manchmal zwei, aber auch bis zu sechs Federn bei den großen Arten), die kaum sichtbar auf der Höhe des Handgelenks an der Flügelvorderkante sitzen. Sie wird auch als Daumenfittich, Eckfittich oder Afterschwinge bezeichnet und spielt eine Rolle für die Aerodynamik, indem sie bei Windböen, beim Fliegen auf der Stelle, beim langsamen Segeln sowie beim Landen zur Stabilisierung eingesetzt wird. Die Federn der Alula sind ähnlich wie die Schirmfedern dachpfannenartig angeordnet.

Flügeldecken

Die Flügeldecken sind Deckfedern, welche die Basis der Schwungfedern schützen und den gesamten knochigen und muskulären Teil des Flügels bedecken, sowohl an der Oberseite (Oberflügeldecken) als auch an der Unterseite (Unterflügeldecken) des Flügels. Dabei finden sich die gleichen Deckfedergruppen in der gleichen Anordnung: Handdecken, große Armdecken, mittlere Armdecken, kleine Armdecken und Randdecken.

Die **großen Armdecken** und die **großen Handdecken** sind in einer Reihe nebeneinander angeordnete Deckfedern. Jede Armschwinge bzw. Handschwinge hat ihre eigene Deckfeder, die die Spule und die Basis der betreffenden Hand- oder Armschwinge verdeckt.

Die Basis der großen Arm- und Handdecken wiederum wird durch die **mittleren Arm- bzw. Handdecken** geschützt, eine Reihe kürzerer und breiterer Deckfedern. Diese sind an der Basis der Armschwingen deutlich sichtbar, bei den Handschwingen jedoch nur selten (ausgenommen bei den großen Arten).

Die mittleren Arm- und Handdecken werden ihrerseits an der Basis von mehreren Reihen sehr kleiner Federn, den **kleinen Arm- bzw. Handdecken** verdeckt, welche die Vorderkante des Flügels erreichen. Bei den Sperlingsvögeln sind sie praktisch unsichtbar, während sie bei den Greifvögeln und besonders bei den Möwen und Schnepfenvögeln sehr deutlich zu sehen sind. Auf der Flügeloberseite sind die kleinen (und mittleren) Handdecken häufig unter den Federn der Alula verborgen.

Kiebitzregenpfeifer
Bei dieser Art sind die schwarzen Achselfedern im Flug besonders deutlich sichtbar. Frankreich, Januar © Fabrice und Laurent Desage

Die Vorderkante des Flügels wird von zahlreichen sehr kleinen **Randdecken** geschützt, die die Basis der kleinen Ober- und Unterflügeldecken verdecken. Zusätzlich zu ihrer Schutzfunktion spielen die großen und mittleren Oberflügeldecken eine wichtige Rolle im Gefiederkleid der Arten, da die nebeneinanderliegenden hellen Spitzen (häufig weißlich oder gelblich) am geschlossenen Flügel eine oder zwei kontrastierende Linien bilden, die Flügelbinden. Dabei entsteht die **untere Flügelbinde** durch die Spitze der großen Armdecken, die **obere Flügelbinde** durch die Spitze der mittleren Armdecken.

Achselfedern

Diese relativ langen und steifen Federn sind vor allem bei Nichtsperlingsvögeln sichtbar. Die Achselfedern bedecken die Flügelbasis auf der Unterseite im Bereich der «Achseln» und erfüllen dort die gleiche Funktion wie die Schulterfedern auf der Flügeloberseite. Besonders deutlich sichtbar sind die schwarzen Achselfedern des Kiebitzregenpfeifers, dessen übriger Unterfügel weiß gefärbt ist. Sie sind ein unfehlbares Identifikationskriterium für den fliegenden Kiebitzregenpfeifer, selbst auf große Entfernung.

Grasläufer
Die Grenze zwischen den langen braunen Handschwingen und den kurzen spitzen Armschwingen mit ihrem schwarz-weißen Ende ist deutlich erkennbar. An der Basis der Handschwingen finden sich die (großen und mittleren) Handdecken sowie die Alula (drei Federn mit einer weißen Kante an der Spitze). Die großen Armdecken sind recht farbig mit Rotbraun, Schwarz und Weiß, während die mittleren und kleinen Armdecken sowie die Randdecken schwärzlich mit breitem, cremefarbenem Saum erscheinen. An der Flügelbasis sind deutlich die Schulterfedern zu erkennen. Frankreich, August © Aurélien Audevard

Wüstenläuferlerche
Bei den meisten Sperlingsvögeln ist die äußerste Handschwinge (H10) extrem kurz. Oman, November © Marc Duquet

NUMMERIERUNG DER SCHWUNGFEDERN

In Europa werden die **Handschwingen** bei den Nichtsperlingsvögeln (Möwen, Greifvögeln etc.) von innen nach außen (absteigend) gezählt (H1, H2, H3 etc.), so dass H10 die äußerste lange Handschwinge bezeichnet (H11, wenn überhaupt vorhanden, ist verkürzt und wenig sichtbar). Hingegen werden sie bei den Sperlingsvögeln in umgekehrter Richtung (aufsteigend) gezählt, sodass H1 (häufig nur rudimentär ausgebildet) die äußerste Handschwinge bezeichnet und H2 die längste äußere Handschwinge, was im Vergleich zu den Nichtsperlingsvögeln zu Verwirrung führt. Die amerikanischen Ornithologen zählen die Handschwingen aller Vögel – Sperlingsvögel und Nichtsperlingsvögel – von innen nach außen. Die innerste Handschwinge ist damit H1 (neben A1, der äußersten Armschwinge gelegen), und die längste äußere Handschwinge ist, je nach Art, entweder H9 oder H10. Die **Armschwingen** werden sowohl in Europa als auch in Amerika bei allen Vögeln von außen nach innen gezählt (A1, A2, A3 etc.), also ausgehend von der Armschwinge neben der innersten Handschwinge nach innen zum Körper hin.

Der Einfachheit halber haben wir uns dafür entschieden, in diesem Buch die amerikanische Zählweise zu übernehmen: Wir zählen also bei allen Arten, sowohl Sperlingsvögeln als auch Nichtsperlingsvögeln, die Handschwingen absteigend und die Armschwingen aufsteigend.

HANDSCHWINGENPROJEKTION

Ist der Flügel geschlossen, liegen die Hand- und Armschwingen fächerartig zusammengeschoben übereinander. Sie werden dabei zum großen Teil (oder manchmal ganz) von den Schirmfedern verdeckt. Als Handschwingenprojektion wird der Teil der äußeren Handschwingen bezeichnet, der nach hinten über die größte Schirmfeder übersteht. Die Länge der Projektion wird relativ zur Länge der Schirmfedern ausgedrückt. Sie ist:

- **lang**, wenn ein großer Teil der Handschwingen (länger als die Gesamtlänge der Schirmfedern) sichtbar ist; sie kann sogar sehr lang sein, wie bei bestimmten Seglern und Schwalben;
- **mittellang**, wenn der überstehende Teil der Handschwingen ungefähr der Länge der Schirmfedern entspricht;
- **kurz**, wenn nur einige Handschwingen über die Enden der Schirmfedern überstehen;
- **nicht vorhanden,** wenn die Schirmfedern die Handschwingen vollständig bedecken (wie bei bestimmten Piepern und Lerchen).

Birkenzeisig, *Carduelis flammea* subsp. *flammea*
Die Handschwingenprojektion entspricht dem Verhältnis des exponierten Teils der Handschwingen (H) zur Länge der sichtbaren Schirmfedern (S) beim angelegten Flügel. Sie ist beim Birkenzeisig geringfügig länger als mittellang. Québec, April © Marc Duquet

Zitronenstelze
Keine Handschwingenprojektion: Die längste Schirmfeder verdeckt die Handschwingen vollständig. Mongolei, Mai © Aurélien Audevard

Michiganwaldsänger
Kurze Handschwingenprojektion: Vier Handschwingen ragen über die Schirmfedern hinaus. Ontario, Mai © Marc Duquet

Schneeammer
Mittlere Handschwingenprojektion: Die Spitzen von sechs Handschwingen sind sichtbar. Frankreich, November © Frank Dhermain

Sumpfschwalbe
Sehr lange Handschwingenprojektion: Die kurzen Schirmfedern lassen alle Handschwingen unbedeckt. Québec, April © Marc Duquet

Die Schwanzfedern

Anders als die Flügel besteht der Schwanz eines Vogels ausschließlich aus Federn, den Steuerfedern, die am Pygostyl verankert sind, dem Knochen, der das hinterste Ende der Wirbelsäule des Vogels bildet. Mit ihrer hohen Beweglichkeit spielen die Steuerfedern eine wichtige Rolle bei der Stabilisierung des Vogels im Flug. Sie erleichtern außerdem Richtungsänderungen und sind am Abbremsen im Moment des Landens beteiligt.

Steuerfedern

Wie die Schwungfedern sind die Steuerfedern asymmetrisch, indem die Innenfahne stärker ausgebildet ist als die Außenfahne; die mittleren Steuerfedern sind jedoch praktisch symmetrisch. Die meisten Vögel haben zwölf Steuerfedern, die sich auf sechs immer symmetrische Federpaare verteilen, wobei von innen nach außen gezählt wird: St1 bezeichnet die beiden mittleren Steuerfedern, St2–St5 die seitlichen Federpaare und St6 die beiden äußersten Steuerfedern. Einige Arten wie die Rohrdommel, der Seidensänger oder auch die Segler und Nachtschwalben weisen nur 10 Steuerfedern auf. Bei den Lappentauchern fehlen sie ganz, ihr Schwanz besteht nur aus einem Büschel flaumiger Federn. Dagegen haben Enten 14 bis 18 Steuerfedern, Gänse 16 bis 20, Schwäne 20 bis 24 und Seetaucher 18 bis 20.

Jede Steuerfeder wird zu einem großen Teil exponiert, wenn der Schwanz gespreizt wird: An der Schwanzoberseite sind dabei nur die Außenfahnen der Steuerfedern sichtbar, an der Unterseite die Innenfahnen. Wenn der Vogel den Schwanz

Kletterwaldsänger
Sehr lange, weiße Unterschwanzdecken mit schwarzer Spitze bedecken zwei Drittel der Steuerfedern. Florida, Februar © Sébastien Reeber

wieder schließt (wie einen Fächer), werden die Steuerfedern übereinander geschoben, sodass sich zwei Federstapel bilden, wobei die äußersten Steuerfedern beim geschlossenen Schwanz ganz unten liegen und das innerste Paar die übrigen Steuerfedern fast vollständig bedeckt. An der Oberseite ist also nur das mittlere Steuerfederpaar exponiert, und an der Unterseite sind nur die äußersten Steuerfedern sichtbar. Die schützenden mittleren Steuerfedern enthalten viel Melanin, ein Pigment, das die Federn widerstandsfähig gegen Abnutzung macht. Sie sind tatsächlich immer dunkler als die übrigen Steuerfedern, wohingegen die bis zu drei äußersten Paare bei vielen Arten weiße Partien aufweisen, wie beispielsweise bei den Steinschmätzern.

Östliche Schafstelze, männlich *(links)*
Die Unterschwanzdecken sind an der Schwanzbasis deutlich zu erkennen. Die äußere Steuerfeder (St6) links ist verborgen oder fehlt. Die mittlere Steuerfeder (St1), braun mit Wachstumsstreifen, ist juvenil. Südkorea, Mai © Aurélien Audevard

Oberschwanzdecken

Die den Flügeldecken entsprechenden Oberschwanzdecken bestehen aus kleinen, steifen Federn, welche die Basis der Steuerfedern verdecken. An ihrer Oberseite sind sie halbkreisartig angeordnet, indem die mittleren Oberschwanzdecken länger sind als die äußeren. Sie trennen die Steuerfedern vom Bürzel und sind relativ wenig sichtbar. Bei den «grauen» weiblichen und immaturen Weihen sind sie jedoch gut erkennbar, da sie den für diese Arten typischen weißen «Bürzel» bilden.

Unterschwanzdecken

Die Unterschwanzdecken decken die Basis der Steuerfedern an der Schwanzunterseite ab. Sie sind ähnlich ausgebildet und angeordnet wie die Oberschwanzdecken. Bei den Schwirlen sind Steuerfedern besonders lang. Sie reichen bei diesen Vögeln fast bis zum Ende der mittleren Steuerfedern, ebenso bei manchen Klettervögeln wie den Kleibern oder auch beim nordamerikanischen Kletterwaldsänger.

SCHWANZFORM

Im Laufe der Evolution haben bestimmte Vogelarten besondere und manchmal sogar recht spektakuläre Schwanzformen entwickelt. Häufig stehen diese Schwanzformen in Zusammenhang mit der Balz. In anderen Fällen, wie bei den Spechten, unterstützt der Schwanz die Fortbewegung beim Klettern am Baumstamm. Bei den Lappentauchern fehlt der Schwanz praktisch ganz, wohingegen er bei Fasanen, Grackeln und bestimmten Neuweltfliegenschnäppern und Monarchen extrem entwickelt ist.

Die Schwanzform ergibt sich aus der relativen Länge der Steuerfedern. Bei den meisten Sperlingsvögeln sind die Steuerfedern ungefähr gleich lang, was einen eckigen oder leicht abgerundeten Schwanz ergibt. Bei bestimmten Arten sind die mittleren Steuerfedern am kürzesten und der Schwanz wirkt eingekerbt oder gegabelt. Bei anderen Arten sind sie länger als die äußeren Steuerfedern. Bei diesen Arten wirkt der Schwanz gerundet, keilförmig oder gestuft, je nach unterschiedlicher Länge der verschiedenen Steuerfedern. Die mittleren Steuerfedern der Spießente sind lang ausgezogen (spießartiger Schwanz), ebenso die äußeren Steuerfedern bestimmter Schwalbenarten.

Truthuhn, männlich
Das Truthuhn weist 18 Steuerfedern auf, die es in Form eines Rads aufstellen kann. Kalifornien, Mai © Marc Duquet

Wiesenweihe, männlich
Beim geschlossenen Schwanz bedeckt das mittlere Steuerfederpaar (hier grau) die übrigen Steuerfedern. Frankreich, April © Christian Aussaguel

Spießente, männlich
Die mittleren Steuerfedern bestimmter Entenarten sind zu langen Schwanzspießen verlängert. Japan, Februar © Aurélien Audevard

Vogeltopografie

Zur Beschreibung des Gefieders eines Vogels, insbesondere im Hinblick auf die Identifizierung einer Art, die man zum ersten Mal sieht, ist es unbedingt notwendig, die exakten Begriffe zu kennen, mit denen dieser oder jener Teil des Körpers bezeichnet wird. Zwar lässt sich die Vogeltopografie auf die Gesamtheit der vorstehend vorgestellten Federn übertragen, aber einige Begriffe müssen doch näher erläutert werden. Einige gute Fotografien sind hier wesentlich hilfreicher als viele Worte.

Am klassischsten aller Beispiele, am Bild eines **Sperlingsvogels**, lassen sich die wesentlichen Federgruppen des Federkleids an Kopf, Rumpf, Flügeln und Schwanz exakt erkennen. Für einige Federgruppen gibt es spezifische Bezeichnungen, die weiter unten vorgestellt werden.

Spornammer im Winterkleid *(unten und rechte Seite)*
Die meisten Ammern haben ein recht kontrastreiches Gefieder, an dem sich die einzelnen Federgruppen gut zeigen lassen.
Frankreich, Oktober © Fabrice Jallu

Überaugenstreif
Mantel
Brust
ndschwingen
rfedern
große
Armdecken

Stirn
Ohrfleck
Kinnstreif
Schirmfedern
mittlere
Armdecken
Handdecken

Scheitel
Nacken
Ohrdecken
Bürzel
kleine
Armdecken
Flanke

Zügel
Bänderung
Armschwingen
Schulterfedern
Oberschwanz-
decken
Bauch

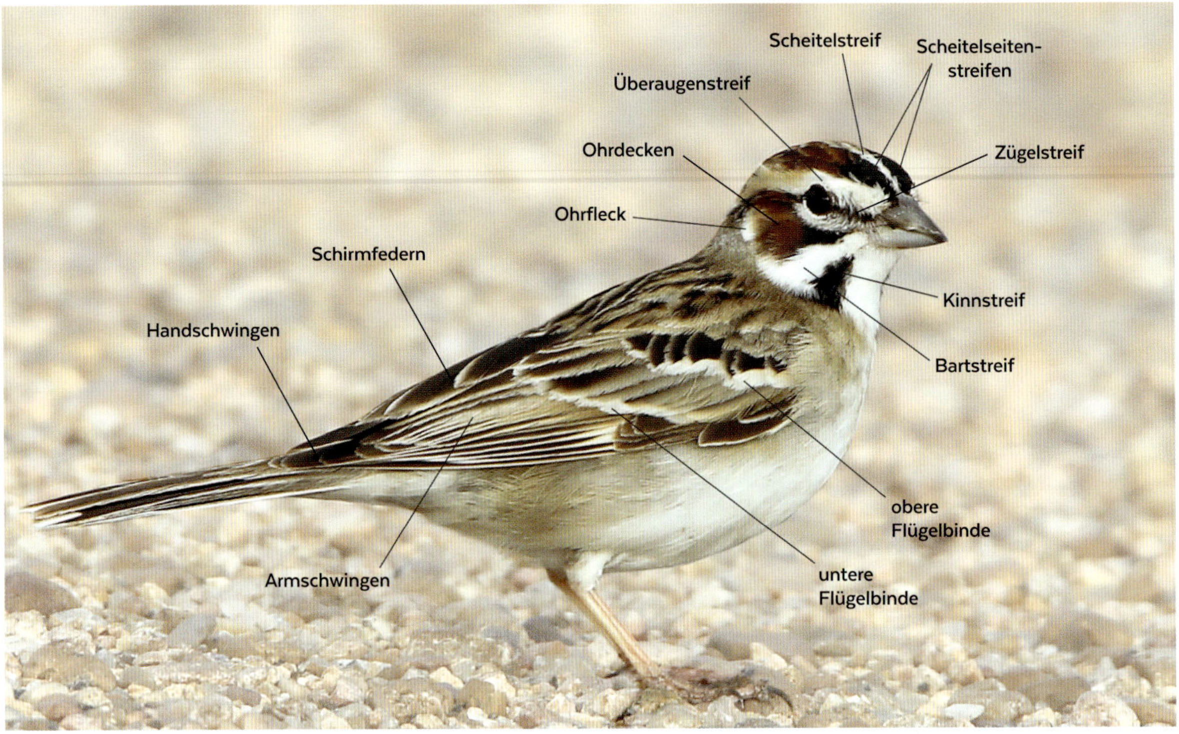
Scheitelstreif
Scheitelseiten-
streifen
Überaugenstreif
Ohrdecken
Zügelstreif
Ohrfleck
Schirmfedern
Kinnstreif
Handschwingen
Bartstreif
obere
Flügelbinde
untere
Flügelbinde
Armschwingen

Rainammer

Einige Ammern weisen eine sehr komplexe Kopfzeichnung mit zahlreichen kontrastierenden Federgruppen auf. Texas, April © Aurélien Audevard

Armflügelfeld
Schulterfedern

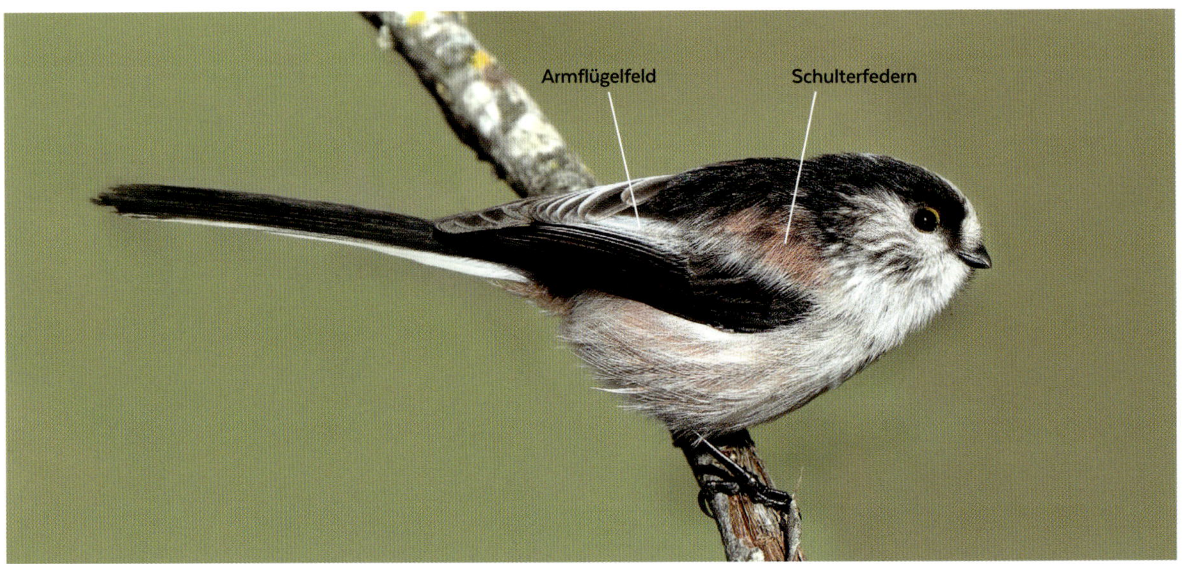

Schwanzmeise

Bei den Sperlingsvögeln heben sich die Schulterfedern nur selten so wie hier vom übrigen Gefieder ab. Frankreich, Januar © Aurélien Audevard

Schirmfedern

Feldlerche

Beim Öffnen des Flügels werden Handschwingen, Armschwingen und Oberflügeldecken fächerartig ausgebreitet.

Frankreich, Mai © Thierry Quelennec

Bergrubinkehlchen, männlich
Die unteren Partien. Frankreich, Juni © Aurélien Audevard

Sommergoldhähnchen
Kopfzeichnung. Frankreich, November © Fabrice und Laurent Desage

Kolkrabe
Selbst an einem einfarbig schwarzen Vogel lassen sich die verschiedenen Federgruppen (Mantel, Schulterfedern, Flügeldecken, Schirmfedern etc.) identifizieren. Deutlich erkennbar ist die lange Handschwingenprojektion. Kalifornien, Mai © Marc Duquet

Stockente
In Ruhestellung sind die Federn des Entenflügels vollständig unter den Schulterfedern und den Schirmfedern verborgen.
Frankreich, April © Marc Duquet

Hybride Dunkelente x Stockente, männlich
Der Spiegel der Enten weist häufig eine für die Art typische Farbe auf und ist im Flug besonders gut sichtbar. Québec, April © Marc Duquet

Mausertypen und Mauserstrategien

Was ist eine Mauser?

Verschiedene Tiere wechseln oder ersetzen ihre Haut, ihren Panzer, ihr Fell oder ihr Gefieder, häufig, um Verschleiß entgegenzuwirken oder, beispielsweise bei Reptilien, weil der Körper wächst und die Haut zu klein wird. Typisch für Vögel ist das Mausern als ein Prozess, bei dem ein Teil der Federn oder alle Federn nachwachsen und ausgetauscht werden, einschließlich der Entwicklung des ersten Gefieders.

Die Vogelmauser

Genau genommen besteht die Mauser in der Aktivierung eines Federfollikels, der dann eine neue Feder produziert. Diese schiebt die alte Feder hinaus, bis sie ausfällt. Dies gilt auch für Dunenjunge, deren erste Federn die Dunen ausschieben (wobei die Dunen noch einige Zeit an der Spitze der Federn hängen bleiben). Man zählt die Anzahl der Mausern eines Vogels während eines Jahres anhand der Häufigkeit, mit der alle Federfollikel oder ein Teil von ihnen aktiviert werden. Jede Mauser führt zu einem Kleid (oder einer Federgeneration).

Die Mauser ist ein sehr energieaufwendiger physiologischer Prozess, insbesondere für Arten mit schnellem Mauserverlauf. Immerhin weist ein kleiner Sperlingsvogel rund 1000 Federn auf, eine Ente zwischen 10 000 und 12 000 und ein Schwan bis zu 25 000. Was den zeitlichen Aspekt betrifft, haben viele große Vogelarten langsame und praktisch konstante Mauserstrategien entwickelt. Hierdurch mausern diese Vögel zwar über einen Großteil des Jahres, aber sie verlieren nie ihre Flugfähigkeit. Andere Arten hingegen, wie die Entenvögel, die Schnepfenvögel und die meisten Sperlingsvögel, ersetzen einen Großteil ihres Gefieders innerhalb eines sehr kurzen Zeitraums. Die Mauseraktivität findet dann außerhalb von Phasen sonstiger intensiver Aktivität oder erhöhter Risiken (Brutzeit, Zug, Überwinterung) statt.

Die Mauser weist von einer Vogelpopulation zur anderen sehr große Variationen auf, sowohl hinsichtlich von Anzahl, Umfang und Verlauf als auch hinsichtlich des Zeitschemas und der Variationen zwischen den Individuen. Diese verschiedenen Aspekte können unter der Bezeichnung **Mauserstrategie** zusammengefasst werden, wobei sich die Mauserstrategien schon immer unter dem Druck aller möglicher Umwelteinflüsse kontinuierlich veränderten. Die Mauserstrategie begleitet praktisch eine Art oder Population in ihrer Entwicklung und verrät häufig interessante Besonderheiten ihrer biologischen Geschichte.

Star, 1. Winter
Dieser junge Star befindet sich in der Mauser: Er tauscht das braune Jugendgefieder gegen die schwarzen Federn des Alterkleids mit ihrem grünen Schimmer auf den Flügeln und den oberen Gefiederbereichen sowie mit weißen Punkten am Bauch aus. Frankreich, August © Fabrice Croset

Mittelmeermöwe, 3. Kalenderjahr
Bei den immaturen Möwen ist das Phänomen der Mauser besonders deutlich sichtbar, da es mehrere Jahre dauert, bis der Vogel das Alterskleid erreicht hat. In dieser Zeit erscheinen die neuen, grauen Federn zwischen den braunen Federn des Jugendkleids.
Frankreich, Mai © Aurélien Audevard

Hochlandbussard, 2. Kalenderjahr
Zu beachten sind die nachwachsenden adulten inneren Handschwingen, die grauer sind als die übrigen, juvenilen Schwungfedern.
Mongolei, Mai © Aurélien Audevard

Rabenkrähe, 2. Kalenderjahr
Braunes Jugendgefieder hebt sich vom schwarzen Rumpf ab.
Frankreich, Februar © Aurélien Audevard

Rabenkrähe, adult
Hier sind die Federn von Flügeln und Schwanz neu, also schwarz wie der Rumpf. Frankreich, Februar © Aurélien Audevard

Thorshühnchen, 1. Winter
Die Schwungfedern und Steuerfedern des Jugendkleids, schwarz mit rötlich cremefarbenem Rand, heben sich von den weiß gesäumten grauen Federn der oberen Partien ab, die für das Schlichtkleid der Art typisch sind. Frankreich, September © Stanislas Wroza

Wozu mausern?

Das Mausern dient mehreren Zwecken, wobei der wichtigste die Erneuerung abgenutzter oder beschädigter Federn ist, also die Aufrechterhaltung eines funktionstauglichen Gefieders. Ein weiterer wichtiger Zweck ist die Entstehung eines anderen Federkleids, sei es in Zusammenhang mit dem Alter (Jugendkleid, Alterskleid), dem Geschlecht (Gefiederkleid der Weibchen oder Männchen) oder der Jahreszeit (Prachtkleid, Schlichtkleid oder Zwischenkleid).

Austausch abgenutzter Federn

Die vorrangige Funktion des Mauserns ist das Ersetzen des Gefieders, das sich mit der Zeit abnutzt und seinen Zweck nicht mehr erfüllen kann, sei es die Ermöglichung des Flugs, der Schutz des Körpers gegen Temperatureinflüsse, Sonnenstrahlung, Wasser und Regen oder auch das Erzielen dieses oder jenes Erscheinungsbilds (Färbung, Schmuckfedern).

Die Federn sind unterschiedlichen Umständen ausgesetzt, die zur Abnutzung und zur Verschlechterung von Form, Struktur beziehungsweise Färbung führen.

Der wichtigste Verschlechterungsfaktor ist die **Reibung** zwischen den Federn selbst oder durch im Lebensraum der Vögel vorhandene Elemente. So zeigen bestimmte Arten, die im Schilf leben, dessen Halme besonders abrasiv wirken, am Ende der Brutsaison ein stark abgenutztes Gefieder. Jedoch ist die Abnutzung des Gefieders nicht mit einer Beschädigung durch einen Unfall zu verwechseln, wie er bei Vögeln häufig vorkommt (Verschmutzung durch Erdöl, Abbrechen von Federn in Auseinandersetzungen, Beschädigung bei Angriff eines Fressfeinds etc.). Außerdem kann ein unordentlich und zerzaust aussehendes Gefieder einfach nur bedeuten, dass der Vogel gerade gebadet hat!

Eine weitere Form der Abnutzung hängt mit der **Sonne** zusammen, deren ultraviolette Strahlung zur Entfärbung der Federn führt, insbesondere derjenigen Gefiederteile, die wenig oder kein Melanin enthalten, also der hellsten oder weißen Federn. Dies ist auch eine mögliche Erklärung für die Frage, warum viele Thermiksegler und Tagzieher wie Greifvögel, Störche, Pelikane, Möwen etc. ein dunkles Gefieder und häufig eine schwarze Flügelhinterkante (Hand- und Armschwingen) aufweisen. Das in den Federn enthaltene Melanin schützt die Federn vor dem Einfluss der Sonne, sodass sie ihre Flugfähigkeit länger aufrechterhalten. Auch wenn es hier nicht um eine extreme Form der Abnutzung geht, so führt die Sonnenstrahlung dennoch zur Entfärbung der Federn. So zeigt das Kleid einer jungen Eismöwe im Herbst des ersten Winters, wenn es neu ist, zahlreiche beigefarbene Federn mit mehr oder weniger stark ausgeprägter dunkler Zeichnung, während es im folgenden Frühjahr fast weiß erscheint. Sogar eine junge Ringelgans, deren Gefieder zunächst dunkel ist, sieht im Laufe des ersten Sommers etwas verwirrend aus, insbesondere wenn sie an einem sonnigen Ort überwintert hat.

a b c

Abnutzung der Federn
Schwungfedern: neu (a), wenig abgenutzt (b), stark abgenutzt (c). Normalerweise werden die Federn ausgetauscht, bevor sie den Zustand c erreichen, aber dieser kommt doch häufig vor, wenn die Mauser an den Flügeln noch nicht abgeschlossen oder unterbrochen ist. (Sébastien Reeber)

Beringmöwe, 2. Kalenderjahr
Die Federn des Mantels, die Oberflügeldecken und die Schirmfedern sind stark abgenutzt (zerfranstes Erscheinungsbild).
Washington D. C., Mai © Marc Duquet

Seggenrohrsänger, juvenil
Das Gefieder dieses Jungvogels ist neu mit klaren und regelmäßigen Säumen. Frankreich, September © Sébastien Reeber

Seggenrohrsänger, adult
Dieses abgenutzte Gefieder wird im Winterquartier nach dem Herbstzug ersetzt werden. Frankreich, August © Sébastien Reeber

Generell ist die Abnutzung der Federn an unregelmäßigen Säumen und einem allgemein einheitlicheren, ausgebleichten oder ausgewaschen Erscheinungsbild zu erkennen. Erkennt man dies, so kann man häufig einen Jungvogel von einem Altvogel unterscheiden, auch bei den Sperlingsvögeln, bei denen es sonst keine Gefiederkriterien gibt. Hilfreich ist es auch, bei einem in der Mauser befindlichen Vogel die abgenutzten Gefiederpartien von den neuen zu unterscheiden. Dies liefert hilfreiche Informationen zum Mauserstadium des Vogels und damit zu seinem ungefähren Alter (juvenil, zweites Kalenderjahr, adult etc.).

Der Weg zum Alterskleid

Eine der wichtigsten Funktionen des Mauserns ist der allmähliche Übergang vom ersten Gefiederkleid (**Jugendkleid**) zum endgültigen **Alterskleid.** Das Jugendkleid ist das erste Kleid eines Vogels. Es ersetzt die Dunen des Kükens oder Dunenjungen und bedeckt schnell den noch mitten im Wachstum befindlichen Körper. Im Zuge dieser Entwicklung werden nach und nach die verschiedenen Follikelzonen aktiviert, sodass eine zunehmend große Hautfläche bedeckt wird.

Dieses erste Gefiederkleid ist jedoch unvollständig und besteht aus schwächeren und einfacheren Federn als das Alterskleid. Sie werden gebildet, während das Dunenjunge schon viele Ressourcen auf das Wachstum verwendet hat, sodass nicht der gleiche physiologische Aufwand möglich ist wie beim adulten Vogel. Die Federn des Jugendkleids sind kleiner, weniger fest und weisen eine lockerere Struktur auf, was man spürt, wenn man den Vogel berührt.

Jedoch findet in diesem Stadium schnell eine zweite Mauser statt, meist vor dem ersten Winter, sodass der Jungvogel ein vollständigeres und widerstandsfähigeres Gefieder erhält, bevor die Strapazen des Winters beginnen. Bei den kleinen Vögeln ist dieses Gefieder dem Alterskleid schon sehr ähnlich. Bei den Vögeln mittlerer Größe – Schnepfenvögeln, Entenvögeln etc. – handelt es sich um ein Übergangskleid, während das Alterskleid bei der darauffolgenden Vollmauser ausgebildet wird. Bei großen Vögeln hingegen kann sich die

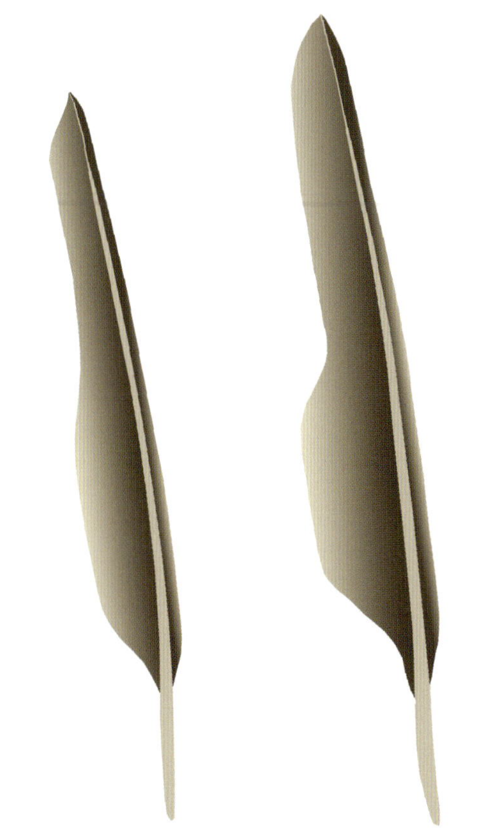

Äußere Handschwingen der Blässgans, juvenil und adult
Die adulten Federn (rechts) sind größer, bieten mehr Auftrieb und sind von besserer Qualität als die juvenilen Federn (links), wodurch sich ihre Lebensdauer erhöht. (Sébastien Reeber)

Lachmöwe, juvenil
Frankreich, Juni © Fabrice Jallu

Lachmöwe, 1. Winter
Frankreich, Dezember © Vincent Palomares

Lachmöwe, 1. Sommer
Frankreich, Juli © Aurélien Audevard

Berghüttensänger, männlich und weiblich
Der Geschlechtsdimorphismus kann sehr ausgeprägt sein, wobei häufig das Männchen leuchtendere Farben aufweist als das Weibchen. Kalifornien, Mai © Marc Duquet

Ausbildung des Alterskleids über mehrere Jahre hinziehen, bis zu sechs Jahre bei Adlern, Geiern und Albatrossen beispielsweise. Jede Mauser führt zu einem Gefiederkleid, das dem Alterskleid etwas ähnlicher ist als das vorherige, wobei sich die verschiedenen Mausern häufig überschneiden.

Ein Nebeneffekt dieser Abfolge von Mausern bis zum Alterskleid ist die Ausbildung von Merkmalen, die mit dem **Geschlechtsdimorphismus** verknüpft sind. Bei vielen Arten, bei denen sich die Geschlechter im Gefieder unterscheiden, sind die Unterschiede bei den Jungvögeln wesentlich weniger deutlich ausgeprägt. Diese «Geschlechtsneutralität» kann auch dazu beitragen, ein aggressives Territorialverhalten der Altvögel zu verhindern, das diese adulten Artgenossen gegenüber zeigen würden.

Jede Mauser, jedes Gefiederkleid führt also zu einem Erscheinungsbild, das mehr mit dem des Altvogels übereinstimmt. Wie wir später sehen werden, muss man jedoch im Hinterkopf behalten, dass Qualität und Farbe des Gefiederkleids insbesondere von der Hormonproduktion zum Zeitpunkt des Wachstums der Federn abhängen, wobei sich diese Aktivität wiederum abhängig vom Alter des Vogels und der Jahreszeit verändert. Anders ausgedrückt: Der Übergang zum Alterskleid ergibt sich nicht aus einer bestimmten Anzahl von Mauserzyklen, sondern schlicht aus physiologischen Reifungsprozessen. Die verschiedenen Kleider spiegeln diese Entwicklung lediglich wider.

Lachmöwe im Schlichtkleid
Frankreich, Januar © Aurélien Audevard

Lachmöwe im Prachtkleid
Frankreich, April © Aurélien Audevard

Lachmöwe, adult, mit abgenutztem Gefieder
Frankreich, Juli © Aurélien Audevard

Stockente, juvenil
Das Gefieder dieser jungen Schwimmenten ähnelt dem Kleid der adulten Weibchen Frankreich, Juli © Sébastien Reeber

Stockenten, männlich und weiblich
Der bei vielen Arten ausgeprägte Geschlechtsdimorphismus der adulten Vögel ist bei den Jungvögeln wesentlich weniger deutlich oder überhaupt nicht vorhanden. Bei den Schwimmenten vergeht vom Jugendkleid bis zum fertig ausgebildeten Alterskleid ein Jahr mit drei Mausern. Spanien, Dezember © Marc Duquet

Jahreszeitlicher Kleiderwechsel

Eine weitere Zusatzfunktion des Mauserns ist die Veränderung des Erscheinungsbildes in Abhängigkeit von den jahreszeitlichen Bedürfnissen der einzelnen Vögel. Der häufigste Fall betrifft die Ausbildung eines **Prachtkleids** im Hinblick auf Paarung und Reproduktion. Hier geht es meist um die Farbe der Federn, bei manchen Arten auch um die Form. So bildet der Silberreiher bei der Pränuptialmauser besonders große, lockere Schmuckschulterfedern aus, während das Gefieder insgesamt ganzjährig weiß bleibt.

Bei zahlreichen Arten tritt diese Veränderung des Erscheinungsbilds nur beim Männchen auf oder ist bei diesem wesentlich deutlicher ausgeprägt als beim Weibchen. Dies gilt beispielsweise für die Enten und viele Sperlingsvögel wie Stelzen, kleine Drosseln, Fliegenschnäpper, deren Präsentierverhalten bei der Balz oder bei der Revierverteidigung deutlich sichtbar ist, während für die für Brut und Versorgung des Nachwuchses zuständigen Weibchen ein schlichteres Gefiederkleid nützlicher ist. Bemerkenswerte Ausnahmen sind die Wassertreter und der Mornellregenpfeifer, bei denen die Aufgabenverteilung umgekehrt ist: Das Weibchen ist leuchtender gefärbt als das Männchen, das im Wesentlichen für das Brüten und das Führen der Jungvögel zuständig ist. Bei anderen Arten sehen männliche und weibliche Tiere gleich aus und ändern beide das Erscheingungsbild vor und nach der Brutsaison. Zu diesen zählen beispielsweise die Seetaucher, die Lappentaucher, zahlreiche Schnepfenvögel und die Möwen. Unabhängig davon scheinen Farbe und Form des Prachtkleids im Wesentlichen vom Bedürfnis erhöhter Attraktivität und Sichtbarkeit während der Brutzeit bestimmt zu werden. Und oft werden bei der Pränuptialmauser auch nur die betroffenen Teile des Gefieders ausgetauscht.

Im Laufe des Jahres können auch andere Änderungen des Erscheinungsbilds auftreten, die meist durch die Notwendigkeit besserer Tarnung motiviert sind. Hier sind die Entenvögel zu nennen, deren Weibchen zu Beginn der Brutsaison zu einem Gefiederkleid mit deutlicherer Braunfärbung und deutlicherer Strichelung wechseln, um beim Brüten in der Vegetation besser getarnt zu sein. Die Männchen derselben Arten entwickeln bei der Mauser der Flügel ein **Tarngefieder**, das sich vom lebhaft und leuchtend gefärbten Kleid, das sie während des restlichen Jahres tragen, stark unterscheidet. Dabei fallen die Schwungfedern alle gleichzeitig aus und die Vögel werden flugunfähig, woraus sich auch die Notwendigkeit eines schlichten, unauffälligen Gefieders, des Zwischenkleids, ergibt. Einzigartig bei diesen Vögeln ist, dass diese Mauser zu einem Tarngefieder bei den Weibchen vor der Eiablage und bei den Männchen nach der Brutsaison stattfindet.

Ein weiteres Beispiel für eine zu Tarnzwecken stattfindende Mauser findet sich bei den Schneehühnern. Das Gefieder dieser Vögel, deren Lebensraum weit nördlich gelegene oder alpine Regionen sind, die im Winter regelmäßig schneebedeckt sind, ist in der kalten Jahreszeit sehr dicht und fast komplett weiß. Zum Frühjahr hin ändert sich ihr Aussehen vollständig zu rotbraun oder graubraun mit ausgeprägter schwärzlicher Bänderung, was eine bemerkenswerte Anpassung darstellt. Diese Anpassungsfähigkeit an die sich regelmäßig verändernde Umwelt findet sich auch bei mehreren Säugetieren – Schneehase, Hermelin, Polarfuchs –, die unter identischen Bedingungen leben.

Alpenschneehuhn im Winterkleid
Die Schneehühner verdeutlichen perfekt die Anpassung der Mauservorgänge und der Gefiederkleider an wechselnde Umweltbedingungen. Ihr im Winter weißes und im Sommer braunes oder graues Gefieder bietet ganzjährig optimale Tarnung! Frankreich, Februar © Sylvain Reyt

Nordamerikanische Pfeifente im Zwischenkleid
Die Enten tauschen ihre Schwungfedern gleichzeitig aus und sind drei Wochen lang flugunfähig. Vor diesem kritischen Zeitraum wechseln sie von ihrem farbigen Prachtkleid in ein wesentlich unauffälligeres Schlichtkleid. New Jersey, September © Sébastien Reeber

Weibliche Stockente mit ihren Küken
Die Weibchen der Gattungen *Anas* und *Aythya* vollziehen gegen Ende des Winters eine Mauser, bei der sie ein brauneres und stärker gestreiftes Erscheinungsbild erlangen, was zur Tarnung während Brutzeit und Aufzucht der Jungen beiträgt. Spanien, April © Marc Duquet

Kampfläufer im Schlichtkleid
Der Kampfläufer ist ein typisches Beispiel für eine Art, die eine Mauser durchläuft, um ein farbenprächtigeres und auffälligeres Gefieder für die nachfolgende gemeinschaftliche Balz zu erhalten. Spanien, April © Marc Duquet

Kampfläufer, männlich, im Prachtkleid
Frankreich, Mai © Sébastien Reeber

Kampfläufer, männlich, im Prachtkleid
Frankreich, Mai © Sébastien Reeber

Chronologie der Mauser

Das Mausern ist eine zyklisch stattfindende Erscheinung, die beim gesunden Vogel, der über ausreichend Ressourcen verfügt, jedes Jahr ungefähr gleich abläuft. Dies gilt allerdings nur sehr eingeschränkt für tropische oder äquatornahe Regionen, insbesondere dort, wo die Witterungsbedingungen keine ausgeprägten jahreszeitlichen Schwankungen aufweisen. In tropischen Regionen ist die Mauserstrategie sogar häufig an unregelmäßige Bedingungen angepasst, beispielsweise an Niederschläge in Wüstengebieten: Führen solche Niederschläge plötzlich zu günstigen Bedingungen, nutzen die Vögel diese unabhängig von der Jahreszeit zur Reproduktion und zur anschließenden Mauser. Die weitaus meisten Vögel durchlaufen mindestens einmal im Jahr eine Vollmauser mit einem jährlichen Mauserzyklus. Als Ausnahmen sind bestimmte Albatrosse zu nennen, deren Mauserzyklus zwei Jahre beträgt, oder auch die Rußseeschwalbe, bei der manche Populationen alle zehn Monate mausern (und brüten).

Mauserdauer

Die Dauer einer Mauser kann je nach Art stark schwanken. Sie ist zunächst von der Größe des Vogels und damit von der Zahl der auszutauschenden Federn abhängig. Einen noch stärkeren Einfluss hat die von der betreffenden Art verfolgte Mauserstrategie, die wiederum von der Lebensweise und den Umweltbedingungen abhängt. Die schnellsten Vollmausern finden bei kleinen Vögeln statt, deren Brutgebiete sehr weit im Norden liegen und die als Zugvögel weite Strecken zurücklegen. Hierzu gehören der Fitis und die Schneeammer, denen in den subarktischen Brutgebieten nur wenig Zeit zur Reproduktion zur Verfügung steht und die im Anschluss eine Vollmauser durchlaufen, bevor sie wieder nach Süden ziehen. Bei ihnen dauert die Vollmauser kaum länger als einen Monat. Bei zahlreichen anderen Sperlingsvögeln dauert die Vollmauser zwischen sechs Wochen und drei Monaten, bei den meisten Nichtsperlingsvögeln zwischen zwei und sechs Monaten. Bei den großen Thermikseglern kann die vollständige Mauser des Flügels bis zu mehr als zwei Jahren dauern.

Durch die Beobachtung von Vögeln in Gefangenschaft konnte man die Auslöser für die Mauser genauer identifizieren. Bestimmend sind offensichtlich die äußeren Faktoren, insbesondere Tageslichtlänge, Temperaturänderungen, Umgebungsfeuchtigkeit und Vorhandensein von Nahrungsressourcen. Andere Faktoren sind physiologischer und insbesondere hormoneller Natur. Bei zahlreichen Arten ist die Hormonproduktion direkt vor der Paarung am stärksten, was sich häufig auch in der Farbe der unbefiederten Bereiche des Vogels zeigt (beispielsweise bei Reihern). Die Steigerung dieser Hormonproduktion, die schon im Winter beginnt, bewirkt dann eine Mauser, die in erster Linie der Ausbildung eines farbigen und attraktiven Prachtkleids dient. Der Abfall dieser Hormonproduktion, der schon beim Bebrüten des letzten Geleges beginnt, löst mit einer mehr oder weniger kurzen Verzögerung eine Mauser aus, die zum weniger farbigen, jedoch häufig dichteren Schlichtkleid führt. Es gibt auf diesem Gebiet noch viel entdecken und zu verstehen, aber man muss im Kopf behalten, dass die Mauser als Phänomen eng mit dem biologischen Zyklus und der Evolution der einzelnen Arten zusammenhängt.

Odinshühnchen, weiblich *(rechts)*
Bei vielen ziehenden Arten verlaufen Pränuptialmauser und Frühjahrszug wesentlich schneller als Postnuptialmauser und Herbstzug.
Frankreich, April © Aurélien Audevard

Kuhreiher im Prachtkleid
Die Hormonproduktion der Reiher bewirkt eine lebhafte Färbung ihrer unbefiederten Bereiche zur Paarungszeit.
Frankreich, Mai © Vincent Palomares

Trauerseeschwalbe
Bei der Trauerseeschwalbe beginnt die Postnuptialmauser unmittelbar nach dem Schlüpfen der Jungvögel.
Frankreich, Juni © Élise Rousseau

Voll- und Teilmauser

Der Umfang einer Mauser kann stark variieren. In bestimmten Fällen wird vollständig gemausert und (fast) das gesamte Gefieder ausgetauscht. In anderen Fällen erfolgt eine Teilmauser, die manchmal sogar nur eine sehr geringe Anzahl von Federn umfassen kann, möglicherweise, weil diese den Rest eines früheren Kleides darstellen. Gelegentlich erweist sich eine Mauser im Laufe der Evolution einer Art als zunehmend nutzlos und verschwindet dann allmählich. Es ist dabei die Mauserstrategie, die sich entwickelt.

Vollmauser

In der Regel und für die große Mehrheit der Vögel gilt, dass jährlich eine **Vollmauser** erfolgt, häufig vom Sommer bis zum Herbst, bei der das gesamte Klein- und Großgefieder (Deckfedern an Kopf, Rumpf und Flügeln, Schwungfedern und Steuerfedern) erneuert wird.

Einige wenige Arten vollziehen jedes Jahr zwei Vollmausern; hierzu gehören unter anderem Fitis, Reisstärling und Franklinmöwe. Alle drei Arten ziehen sehr weite Strecken und durchlaufen je eine Vollmauser sowohl in ihrem jeweiligen Brutgebiet (nach der Brutsaison) und in ihrem Winterquartier. Andere Arten, die sehr groß sind und langsam mausern (Geier, Adler, Schwäne etc.), haben materiell nicht die Zeit für eine Vollmauser pro Jahr, weshalb Deckfedern, Schwungfedern oder Steuerfedern zwei Jahre lang behalten werden. Bei vielen dieser großen Vögel erstreckt sich eine Vollmauser über mehr als ein Jahr, ohne dass sie ihren Charakter als Vollmauser verliert. Anders ausgedrückt, beginnt bei diesen Vögeln schon eine zweite oder sogar dritte Vollmauser, während die erste noch nicht abgeschlossen ist.

Teilmauser

Andere Mausern sind Teilmausern, die nur einen Teil des Gefieders betreffen. In der Mehrzahl der Fälle umfassen diese Teilmausern einen veränderlichen Anteil der Körperfedern (Kopf und Rumpf) und der Flügeldecken, aber keine oder nur wenige Schwungfedern und Steuerfedern. Zwei wesentliche Mausertypen sind Teilmausern:

- Bei der **postjuvenilen Mauser** oder **Jugendmauser** zahlreicher Arten wie Enten, Schnepfenvögel und viele Sperlingsvögel wird das kurz nach dem Schlüpfen entwickelte Jugendkleid ersetzt, das für den Winter zu schwach ist. Diese Mauser findet nur im ersten Kalenderjahr statt und wiederholt sich später nicht mehr.
- Die partielle **Pränuptialmauser** zahlreicher Vögel besteht im Wesentlichen in einer Änderung des äußeren Erschei-

Fitis

Der Fitis tauscht sein Gefieder jedes Jahr zweimal (fast) vollständig aus, sodass diese Art außerhalb der Mauserperioden normalerweise nur eine Federgeneration aufweist.

Frankreich, Mai © Christian Aussaguel

Thorshühnchen, 1. Winter
Dieses kleine Thorshühnchen durchläuft gerade eine Teilmauser, bei der ein Teil des Jugendkleids einschließlich der Federn von Mantel und Schultern ersetzt wird, jedoch nicht die Federn an den Flügeln. Frankreich, September © Sébastien Reeber

nungsbilds und betrifft damit weder Flügelfedern noch Schwanzfedern. Bei vielen Arten, die eine postjuvenile Mauser durchlaufen, findet auch diese Pränuptialmauser statt. Sie durchlaufen während ihres ersten Lebensjahrs also drei Mausern (einschließlich der Mauser zum ersten richtigen Gefieder), bevor im Alter von etwa einem Jahr eine Vollmauser erfolgt.

Unterbrochene Mauser

Eine Teilmauser darf nicht mit einer unterbrochenen Mauser verwechselt werden. Tatsächlich mausern zahlreiche Vögel beispielsweise einen Teil ihrer Schwungfedern und/oder Steuerfedern im Brutgebiet, ziehen ins Winterquartier und schließen dort die Mauser ab. Dies hat den Vorteil, dass ihre Flugfähigkeit in der kritischen Zeit des Herbstzugs nicht beeinträchtigt ist. Auch zu anderen Zeiten kann die Mauser unterbrochen werden, wenn der Vogel alle Kräfte zu anderen Zwecken benötigt, bei den Greifvögeln (insbesondere den Männchen) beispielsweise während der Aufzucht der Jungen oder sogar während der kältesten Zeiten im Winter. Man wird bei dem Vogel das gleichzeitige Vorhandensein von Federn zweier Generationen feststellen, die unterschiedlich abgenutzt sind, aber nicht aus zwei unterschiedlichen Mausern stammen.

Stockmauser

In bestimmten Fällen können ein Mangel an Nahrungsressourcen, ungünstige Witterungsbedingungen, ein weites Abkommen von den klassischen Zugrouten oder auch gesundheitliche Probleme dazu führen, dass ein Vogel nicht in der Lage ist, die begonnene Mauser abzuschließen. Das Austauschen der Federn endet und wird manchmal auch nicht wieder aufgenommen; jedoch kann die darauffolgende Mauser unter entsprechenden Bedingungen normal verlaufen. Diese Situation wird als Stockmauser bezeichnet.

Mauserverlauf

In welcher Reihenfolge werden die Federn ausgetauscht? Gilt für jeden Mausertyp eine festgelegte Reihenfolge? Für jede Art? Hat jedes Individuum seine eigene Reihenfolge? Diese Fragen wurden bisher leider wenig untersucht.

Die Enten als Beispiel

Bei den Enten der Gattungen ***Anas*** und ***Aythya*** beginnt die Mauser mit den Schwungfedern. Danach folgen die Federn an Kopf, Mantel und Hals, dann die Federn an Brust, Schultern und Bauch und zuletzt der hintere Bereich des Körpers, die Flügeldecken und die Schirmfedern. Offensichtlich werden mehrere Mauserzentren an unterschiedlichen Stellen des Körpers gleichzeitig aktiviert, aber tendenziell verläuft die Mauser vom Kopf aus nach hinten. Bei diesen Arten umfassen die Teilmausern nicht die Schwungfedern und nicht oder nur teilweise die Körperteile, an denen der Vogel bei einer Vollmauser als Letztes mausert (Bauch, Bürzel, Flügeldecken, Steuerfedern).

Bergente, männlich, 1. Winter
Diese Bergente hat einen Teil des Jugendgefieders am Kopf ersetzt. Die neuen Federn erscheinen in mehr oder auch weniger geordneter Reihenfolge, jedoch generell häufig vom Kopf ausgehend nach hinten. Frankreich, Dezember © Sébastien Reeber

Mauserverlauf an den Flügeln

Sehr viel besser bekannt ist der Mauserverlauf an den Flügeln, insbesondere, was die Schwungfedern betrifft, sowie derjenige der Steuerfedern, was natürlich dadurch bedingt ist, dass es sich hier um die größten und am besten sichtbaren Federn handelt. Die Abfolge des Gefiederwechsels variiert, aber der folgende allgemeine Fall trifft auf viele Arten zu: Die Handschwingen, die Handdecken und die große Armdecken (häufig mit Ausnahme der innersten Federn) werden in **absteigender** Reihenfolge ausgetauscht, also ausgehend von der innersten Handschwinge (H1) hin zur äußersten Handschwinge (H10 bis H12). Die Armschwingen dagegen werden in **aufsteigender** Reihenfolge ausgetauscht, also ausgehend von der äußersten Armschwinge (A1) hin zur innersten Armschwinge (A9 bis A11 bei den Sperlingsvögeln). Die Steuerfedern werden meist ausgehend vom mittleren Paar (St1) zum äußersten Paar (meist St6) hin ausgetauscht.

Jedoch gibt es viele Fälle, die von dem hier beschriebenen Schema abweichen. Die Gänsevögel beispielsweise verlieren alle Schwungfedern gleichzeitig, sodass sie mindestens drei Wochen lang komplett flugunfähig sind. Andere Vögel erneuern ihre Schwungfedern von mehreren Zentren aus. Bestimmte große Greifvögel weisen als adulte Vögel an den Handschwingen drei aktive Mauserzentren auf, von denen aus die Federn in absteigender Richtung ausgetauscht werden, sowie drei Mauserzentren an den Armschwingen, von denen ausgehend in ansteigender, absteigender oder **exzentrischer** (vom Zentrum ausgehend in beide Richtungen) Richtung ausgetauscht wird. Diese exzentrische Mauser ist typisch für Falken, bei denen sie sowohl bei den Handschwingen als auch bei den Armschwingen auftritt. Zusätzlich mausern Falken von der innersten Armschwinge (A13) aus in ansteigender Richtung, bis die beiden Mausersequenzen ungefähr in der Mitte (A8–A10) zusammentreffen.

Mausersequenz am Flügel eines Sperlingsvogels
Das Schema gilt für zahlreiche Arten, insbesondere Sperlingsvögel. Im Verlauf der Mauser sind also die inneren Handschwingen neu und die äußeren abgenutzt, während es sich bei den Armschwingen umgekehrt verhält. (Sébastien Reeber)

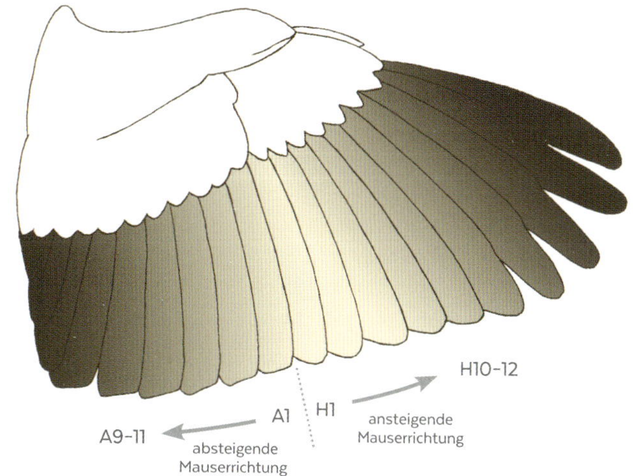

Mausersequenz am Flügel eines Falken
Zusätzlich zu den exzentrischen Mauserfolgen, die von den mittleren Handschwingen beziehungsweise Armschwingen ausgehen, geht eine Mauserfolge (hier nicht dargestellt) von A13 aus. Im Verlauf der Mauser sind also die mittleren Handschwingen und die mittleren Armschwingen neu und jeweils von abgenutzten Federn umgeben.
(Sébastien Reeber)

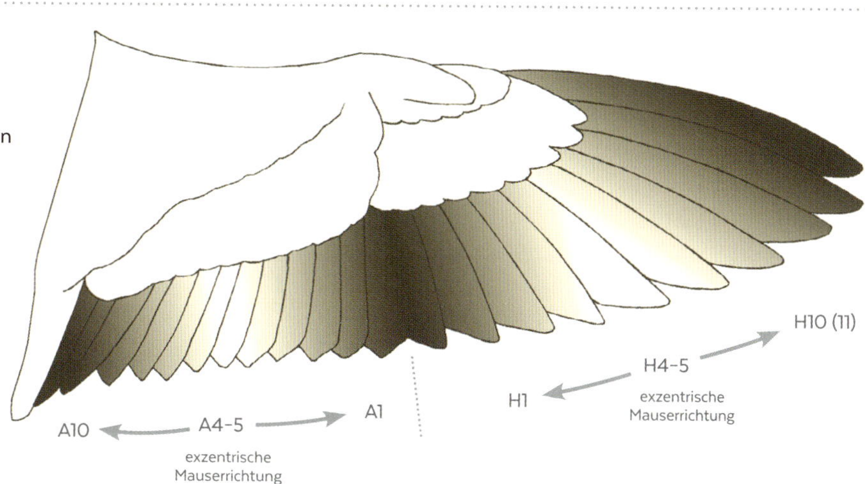

Mausersequenz am Flügel eines großen Greifvogels
Das Erneuern der Federn in absteigender Richtung erstreckt sich über mehrere Jahre. Der nächste Zyklus beginnt, bevor der vorherige abgeschlossen ist, sodass gleichzeitig mehrere aktive Mauserzentren vorhanden sind. (Sébastien Reeber)

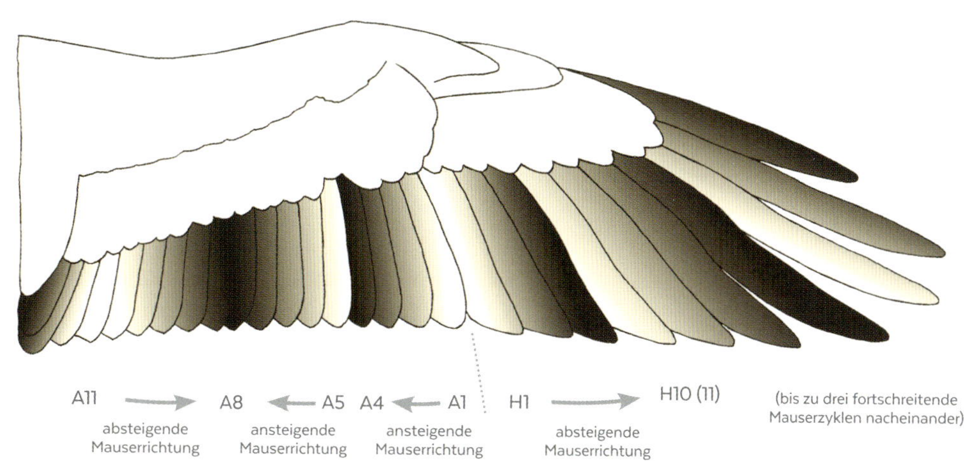

Mauser erkennen

Grundlegendes Wissen über die Mauser ist nicht nur für eine Tätigkeit als Beringer und die Identifizierung von Vögeln von elementarer Bedeutung, sondern auch für die Feldornithologie. Tatsächlich lassen sich ohne dieses Wissen das Alter und Gefieder eines Vogels nur schwer bestimmen. Auch bei der Identifizierung von Unterarten und sogar von Arten ist es gelegentlich sehr hilfreich.

Federn im Wachstum

Der einfachste Fall betrifft Vögel während der Mauser, also mit im Wachstum befindlichen Federn. Hier können die sogenannten **Federscheiden** als kleine, weißliche Röhren sichtbar sein, oder der Vogel weist Schwungfedern und Steuerfedern auf, die kürzer sind als die übrigen. Bei zahlreichen Sperlingsvogelarten beispielsweise genügt es, zwischen Juli und August mausernde Schwungfedern zu sehen, um die Möglichkeit auszuschließen, dass es sich um einen Vogel im ersten Jahr handelt.

Federn der Schnatterente in der Federscheide
Die Federscheiden sind als hellblaue Hüllen deutlich sichtbar, werden jedoch sehr schnell verschwinden.
Frankreich, Juli © Sébastien Reeber

Mauserkontrast

In anderen Fällen kann es nützlich sein, das Vorhandensein oder Fehlen eines **Mauserkontrasts** festzustellen. Damit wird ein sichtbarer Unterschied im Erscheinungsbild nebeneinanderliegender Federgruppen bezeichnet, häufig Schwungfedern, Steuerfedern oder Flügeldecken. Im weitesten Sinn bezeichnet der Begriff den Kontrast zwischen Federn zweier unterschiedlicher Generationen (aus verschiedenen aufeinanderfolgenden Mauserzyklen) oder zwischen Federn derselben Generation, die jedoch zu verschiedenen Zeitpunkten gewachsen sind, wie im Falle einer unterbrochenen Mauser, beispielsweise bei adulten Vögeln bestimmter Seeschwalben oder Schnepfenvögel, die einen Teil ihrer Handschwingen vor dem Herbstzug wechseln, die übrigen aber erst im Winter. Im Frühjahr erfolgt eine erneute Mauser der innersten Schwungfedern, sodass dann Federn mit drei unterschiedlichen Abnutzungsgraden zu erkennen sind, die aber nur zwei unterschiedlichen Mausern zuzuordnen sind: einer in zwei Phasen erfolgten Vollmauser (unterbrochenen Mauser) und einer darauffolgenden Teilmauser. Bei den Jungvögeln dieser Arten sind die Schwungfedern im Sommer und Herbst gleichmäßig abgenutzt, da sie zum gleichen Zeitpunkt gewachsen sind.
Ein Mauserkontrast äußert sich auf zwei Arten:

- Im **Abnutzungsgrad** der Federn: Es kann sich um einen Kontrast zwischen Reihen identischer Federn handeln, die jedoch unterschiedlich stark abgenutzt sind. Unabhängig von der Suche nach einem Mauserkontrast ist es interessant, den Abnutzungsgrad einer Feder bestimmen zu können, da dieser sich auf Form und Färbung der Feder auswirkt. Es ist recht sinnlos, abgenutzte Flügeldecken oder Schirmfedern nach hellen Säumen abzusuchen.

Narzissenschnäpper, männlich, 2. Kalenderjahr
Häufig ist die Mauser sehr leicht zu erkennen. Dieses Männchen im 2. Kalenderjahr hat einen Teil der Deckfedern des Körpers gewechselt, aber die Flügelfedern, Handdecken, Alula, Handschwingen, Armschwingen und die längste der Schirmfedern des Jugendgefieders behalten. Südkorea, April © Aurélien Audevarc

Mäusebussard, adult
Diesem Mäusebussard fehlen zwei Handschwingen (H5-H6) am rechten Flügel. Dies ist keine Folge von Mauser, da der Allgemeinzustand des Gefieders und der betreffenden Federn dagegen spricht und die Federn nur einseitig fehlen. Diese Federn sind also durch einen Unfall verloren gegangen. Frankreich, April © Marc Duquet

- In **Farbe, Größe** oder **Form** der Federn: Diese können sich mit zunehmender Abnutzung verändern; die Federn können jedoch auch bei gleichmäßiger Abnutzung unterschiedliche Farben, Formen und Größen aufweisen. Dies ist klassischerweise der Fall, wenn man Federn aus unterschiedlichen Mausern (juvenil, postjuvenil oder postnuptial/pränuptial) vergleicht. Als Beispiel seien hier die großen Armdecken und die Handdecken vieler Sperlingsvogelarten genannt, die von den adulten Vögeln gleichzeitig ausgetauscht werden. Dies bedeutet - wenn der Vogel nicht gerade in der Mauser ist (mit einer oder zwei fehlenden oder nachwachsenden Federn) -, dass ein Individuum, das im Herbst oder Winter einen Kontrast im Erscheinungsbild seiner Federn aufweist, mit einiger Wahrscheinlichkeit ein Jungvogel ist, der im Rahmen seiner postjuvenilen Mauser nur einen Teil des Gefieders ausgewechselt hat.

Beschädigte oder verlorene Federn

Es kommt häufig vor, dass ein Vogel beschädigte oder ausgerissene Federn aufweist - entweder infolge eines Unfalls welcher Art auch immer, einer Auseinandersetzung mit Artgenossen oder eines Angriffs durch einen Fressfeind, was der häufigste Fall ist. Dabei kann es vorkommen, dass die «Beute» eine «**Schockmauser**» vollzieht, bei der beispielsweise alle Steuerfedern gleichzeitig «abgeworfen» werden, was dazu dienen soll, den Fressfeind zu verunsichern. Bei den Federn am Flügel und häufig auch am Schwanz lassen sich solche Unfälle leicht identifizieren, da der Verlust der Federn in diesem Fall ungleichmäßig und unsymmetrisch ist. Außerdem ist zu berücksichtigen, dass Vögel manchmal aufgrund einer vorübergehenden Schwächung nicht in der Lage sind, die Mauser abzuschließen (Stockmauser).

Hellbäuchige Ringelgans, adult

Die Ringelgans mausert zunächst an den Flügeln nicht weit von ihren Brutgebieten entfernt, danach wechselt sie die Körperfedern während des Herbstzugs. Die Mischung aus abgenutzten und neuen Schulterfedern ist hier gut zu erkennen.

New Jersey, November © Sébastien Reeber

Blauflügelente, adult

Bei diesem Vogel sieht man die beiden Generationen an Schulterfedern. Die abgenutzten Federn sind braun, ausgebleicht und einfarbig; die neuen Federn weisen eine dunkle Mitte und einen klaren weißen Saum auf. New Jersey, September © Sébastien Reeber

Alpendohle, adult
Dieser Vogel ist adult, aber zwei mittlere Armschwingen (offenbar A5–A6) sowie einige Oberflügeldecken wurden bei der Basismauser nicht erneuert. Die stark abgenutzten Federn wirken bräunlich. Frankreich, Mai © Thierry Quelennec

Dachsammer, adult
Dieser Vogel zeigt einen recht deutlichen Mauserkontrast: Die inneren große Armdecken sind neu, die äußeren großen Armdecken sind abgenutzt, entsprechend auch die Armschwingen und die Schirmfedern. Kalifornien, Februar © Sébastien Reeber

Mauser und Gefiederfärbung

Im Zusammenhang mit Mauservorgängen gilt es zu verstehen, dass das Mausern und die Färbung der Federn jeweils von physiologischen Vorgängen gesteuert werden, die voneinander unabhängig sind. Ohne ins Detail zu gehen, kann man sagen, dass beide mit Veränderungen der Hormonproduktion, insbesondere der Sexualhormone, zusammenhängen. Natürlich werden diese hormonellen Vorgänge durch längerfristige Veränderungen in der Umgebung des Vogels – Tageslänge, Temperaturen, sozialer Kontext, geografischer Ort – beeinflusst, was sich dann wiederum zeitgleich auf Mauser und Gefiederfärbung auswirkt. Jedoch muss man sich bewusst sein, dass die beiden Phänomene dennoch unabhängig voneinander beeinflusst werden. Die Bedeutung dieses Umstands für die Ornithologen lässt sich am besten an einigen Beispielen verdeutlichen.

Prachtkleid und Schlichtkleid

Man geht gern davon aus, dass eine Trauerseeschwalbe ihr Prachtkleid mit im Wesentlichen schwarzen Körperfedern durch ihre Pränuptialmauser anlegt. Die Postnuptialmauser der Art führt hingegen zu einem Gefieder, das an der Unterseite im Wesentlichen weiß ist. Nach diesem Konzept hätte bei einem Vogel, der im Dezember im Prachtkleid beobachtet wird, die Postnuptialmauser nicht stattgefunden – was aber häufig gar nicht stimmt! Bei genauer Untersuchung des Gefieders wird man feststellen, dass das Großgefieder einen völlig normalen Abnutzungsgrad zeigt, die Körperfedern dagegen lange nicht so stark abgenutzt sind, wie sie sein müssten. Tatsächlich hat die postnuptiale Vollmauser früh begonnen, während die Gefiederfärbung durch eine außergewöhnlich starke Hormonproduktion beeinflusst war. Entsprechendes gilt beispielsweise für Möwen der Gattungen ***Larus*** und ***Chroicocephalus,*** die im Herbst und zu Beginn des Winters eine schwarzbraune Kapuze aufweisen.

Die **Eisente** weist ein sehr variables Gefieder auf. Es kann vorkommen, dass in einer Schar Eisenten keine zwei Vögel völlig gleich aussehen. Dies wird seit jeher auf eine spezielle Mauserstrategie dieser Art zurückgeführt, die vier unterschiedliche Mausern pro Jahr umfassen kann. So können die Schulterfedern der adulten Männchen zur Brutzeit lang und spitz oder kurz und abgerundet sein und Säume aufweisen, die von lebhaftem Ocker bis zu weißlich reichen. Auch wenn bezüglich der Mauservorgänge bei dieser Art noch vieles zu untersuchen ist, so kann diese starke Variabilität doch wie bei anderen Enten auch auf zwei Mausern zurückgeführt werden, die jedoch stark ausgedehnt sind. Wenn das Aussehen einer Feder nicht nur von der Mauser abhängt, während der sie erneuert wurde, sondern auch vom zum betreffenden Zeitpunkt gegebenen Hormonspiegel, so erscheint es logisch, dass die Individuen bei einer zeitlich ausgedehnten Mauser unterschiedliche Erscheinungsbilder entwickeln: Die Schulterfedern wären dann bei einigen Männchen einfach zu einem Zeitpunkt stärkerer Hormonproduktion gewachsen, bei anderen zu einem Zeitpunkt mit geringerer Hormon-

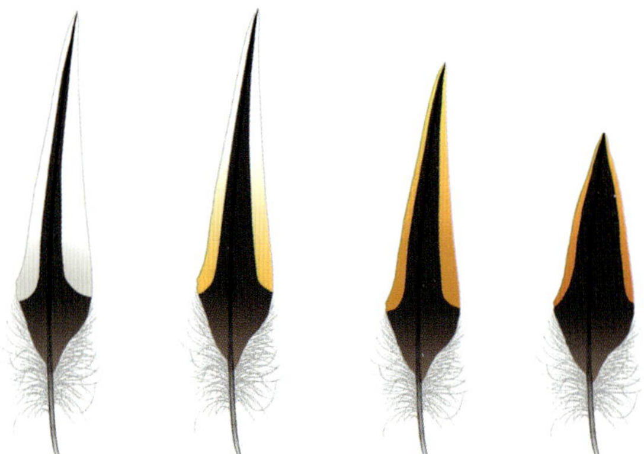

Schulterfedern einer männlichen Eisente
Vier sehr unterschiedliche Schulterfedern verdeutlichen die Variabilität hinsichtlich Form und Färbung dieser Federn, die sich wohl eher auf die Hormonproduktion zum Zeitpunkt ihres Wachstums als auf unterschiedliche Mausern zurückführen lässt.
(Sébastien Reeber)

Männliche Eisenten zur Brutzeit
Zu beachten sind die unterschiedliche Färbung der Säume (weiß, hellgrau, ockerfarben oder rötlich) der Schulterfedern, die Größe des schwarzen Mittelflecks dieser Federn und ihre unterschiedliche Länge. Norwegen, Juni © Sébastien Reeber (1, 3, 4) und © Marc Duquet (2)

produktion. Schließlich ist noch anzumerken, dass die «Pränuptialmauser» sich bei der Eisente von März bis August erstreckt. Vor der Brutsaison werden Kopf-, Hals- und Schulterfedern gewechselt, danach die Flanken und der hintere Bereich des Körpers. Es liegt jedoch bislang kein Beweis dafür vor, dass bestimmte Federfollikel bei adulten Eisenten mehr als zweimal pro Jahr aktiviert werden, genauso wenig wie bei den anderen Enten.

Auch bei mehreren Arten von **Schnepfenvögeln** kann das Gefieder im Frühjahr individuell recht große Unterschiede

Sandstrandläufer, adult, im Prachtkleid
Bei zahlreichen Vögeln sind individuelle Unterschiede in der Gefiederfärbung mit der Hormonproduktion zum Zeitpunkt der letzten Mauser verknüpft. Dieser adulte Sandstrandläufer ist eher lebhaft gefärbt. Texas, April © Sébastien Reeber

Sandstrandläufer, adult, im Prachtkleid
Dagegen ist dieser Sandstrandläufer im Vergleich zum oben abgebildeten Vogel in seiner Mauser eher verzögert. Es fällt außerdem auf, dass die Schultern des Prachtkleids mit ihrer pfeilförmigen schwarzen Mitte wesentlich matter gefärbt sind. Texas, April © Sébastien Reeber

aufweisen. Bei vielen Arten zeigen (beispielsweise) die Schulterfedern von Individuen gleichen Alters und Geschlechts in diesem Zeitraum eine große Variationsbreite hinsichtlich Färbung und Muster. Sogar bei einem einzelnen Individuum wird man bei genauer Beobachtung Färbungsunterschiede zwischen den Federn erkennen. Auch diese Variationen sind nicht auf Unterschiede bezüglich Dauer oder Abfolge der Pränuptialmauser zurückzuführen, sondern vielmehr auf eine unterschiedliche Hormonproduktion während des Wachstums der Federn. Diese drei Beispiele verdeutlichen den Einfluss des Hormonspiegels auf die Gefiederfärbung, auf den tatsächlich vieles von dem zurückzuführen ist, was wir als individuelle Variabilität innerhalb einer Art wahrnehmen.

Immature Kleider

Andere Beispiele für das Nichtvorhandensein einer Kopplung von Mauser und Gefiederfarbe betreffen die immaturen Kleider. Die Hormonproduktion eines Vogels verändert sich zwischen Schlüpfen und Erreichen der Geschlechtsreife sehr stark, aber nicht notwendigerweise bei jedem Individuum auf identische Weise. Daher ist es logisch, dass die Übergangskleider zwischen juvenilem und adultem Vogel variabel sind, und zwar umso mehr, je später die Geschlechtsreife einsetzt. Bei vielen Arten ist hier eine Untersuchung der Variationen des im Jahr vor Erreichen der Geschlechtsreife ausgebildeten Federkleids sehr interessant. Zwar ist bekannt, dass beispielsweise viele Enten und Schnepfenvögel sich im Alter von zwei Jahren paaren und Nachwuchs bekommen oder dass Kormorane im Alter von drei Jahren nisten, aber etliche Vögel erlangen schon im Jahr zuvor ein Gefieder, das dem Alterskleid sehr ähnlich ist, und unternehmen auch schon Brutversuche. Die Artgenossen gleichen Alters behalten hingegen ein im Wesentlichen immatures Gefieder und verlassen in vielen Fällen nicht einmal das Winterquartier. Die Variabilität dieser immaturen Kleider lässt sich an zwei Beispielen verdeutlichen, den männlichen Eiderenten und den Großmöwen.

Bei einer Untersuchung von jungen männlichen **Eiderenten** im ersten Winter wird man feststellen, dass die Vögel recht unterschiedlich aussehen, mit braunen, schwarzen oder weißen Bereichen, die je nach Individuum eine unterschiedliche Ausdehnung haben. Die braunen Federn des Jugendkleids werden an Stellen, die beim Altvogel vollständig weiß sind (Wangen, Hals, Brust, Oberseite), durch weiße oder schwarze Federn ersetzt. Intuitiv wird man meinen, dass die im Wesentlichen weißen Vögel in ihrer Mauser weiter fortgeschritten sind und die Vögel mit großen Schwarzanteilen weiter zurück sind. Tatsächlich ist es umgekehrt! Die früher, also bei einer im Mittel schwächeren Hormonproduktion mausernden Männchen ersetzen ihr Jugendkleid durch schwarze Federn, während solche Männchen, die spät, also während einer Phase mit höherer Hormonproduktion mausern, weiße Federn produzieren. Berücksichtigt man außerdem, dass diese Mauser unterschiedlich lange dauern kann und einen langsamen Verlauf aufweist (Oktober bis März), versteht man die große Bandbreite an individuellen Färbungsvarianten bei den immaturen männlichen Eiderenten besser.

Eiderenten, männlich, 1. Winter

Beide Eiderenten weisen an den Wangen nicht mehr die braunen Federn des Jugendkleids auf. Die eine hat ausschließlich schwarze Federn entwickelt, die andere zum Teil weiße Federn. Großbritannien, Februar © Sébastien Reeber

WACHSTUMSSTREIFEN

Beringern ist das Phänomen der Wachstumsstreifen bekannt, das sich in abwechselnd helleren und dunkleren Streifen auf den großen Federn von Flügeln und Schwanz äußert. Die dunklen Streifen entstehen während Zeiten, in denen sich der Vogel ernährt (tagsüber), die hellen oder transparenten Streifen während der Nacht. Es ist also möglich nachzuvollziehen, welcher Anteil der Feder pro Tag produziert wurde, und von diesem Wert auf die Qualität des Habitats zu schließen. Allgemeiner gesprochen zeigen unterschiedlich breite und dunkle Streifen Schwankungen in der Verfügbarkeit von Nahrungsressourcen während des Federwachstums an. Als Beringer muss man wissen, dass ein sich über mehrere nebeneinanderliegende Schwungfedern oder Steuerfedern erstreckender Streifen nur beim Jugendkleid vorkommen kann, da dies das einzige Kleid ist, bei dem die Schwungfedern und die Steuerfedern jeweils gleichzeitig wachsen, beispielsweise bei Sperlingsvögeln und Greifvögeln.

Dieselbe Feststellung lässt sich bei den **Großmöwen treffen.** Bei Beobachtungen im Winter wird man bei der Färbung der Jungvögel ein recht breites Variantenspektrum feststellen, von Individuen mit stärkeren dunklen Streifen bis zu solchen, die mehr einheitlich grau gefärbt sind. Auch hier neigt man dazu anzunehmen, dass die am dunkelsten gefärbten Federn gegenüber den Altersgenossen mit der Mauser im Rückstand sind. Jedoch verhält es sich hier wie bei den Eiderenten: Die Federn des Jugendkleids werden durch neue Federn ersetzt, deren Färbung und Muster in erster Linie vom Hormonspiegel abhängen. Sie wirken juveniler bei Vögeln mit frühem Mauserbeginn beziehungsweise niedrigem Hormonspiegel. Da die Mauser sich über einen gewissen Zeitraum erstreckt und vom zeitlichen Ablauf her variabel ist, spiegelt das unterschiedliche Federkleid von Vogel zu Vogel die sich verändernde Hormonproduktion wider. Hinzu kommt, dass die Federn unter dem Einfluss der Sonne unterschiedlich stark ausbleichen, was ebenfalls zur beobachteten starken Variabilität zwischen den Vögeln beiträgt, wobei diese Variabilität sich bei den adulten Vögeln verliert.

Federverlust im Freiland und in Gefangenschaft

Auch das folgende, etwas andere Beispiel macht deutlich, dass kein direkter Zusammenhang zwischen der Mauser und der Gefiederfärbung besteht. Es handelt sich um das Ersetzen von durch Unfälle oder anderen Zwischenfälle verloren gegangene Federn, sei es bei Vögeln in freier Wildbahn oder bei Vögeln in Gefangenschaft. Zahlreiche Erfahrungen mit gefangenen Vögeln haben tatsächlich gezeigt, dass eine (manchmal mehrere Monate vor der normalen Mauser) ausgerissene Feder häufig in einer anderen Farbe nachwächst, als sie zuvor hatte. Dieses Phänomen ist aus der Zucht von Ziervögeln wohlbekannt. Bei den Goldamadinen, deren Jugendkleid einfarbig und unauffällig ist und keinen Geschlechtsdimorphismus aufweist, reicht es, dem Jungvogel direkt nach dem Ausfliegen einige Brustfedern auszureißen, damit diese innerhalb weniger Tage nachwachsen, und zwar in der für männliche und weibliche Tiere unterschiedlichen Färbung der adulten Vögel. Dies ist eine einfache Methode, die Jungvögel nach Geschlecht zu «kennzeichnen», ohne die zum Alterskleid führende Mauser abzuwarten, die erst einige Monate später eintritt.

Alle diese Beispiele zeigen deutlich, dass die Färbung einer Feder nicht direkt von der Mauser abhängt, sondern vielmehr von der Hormonproduktion im Moment des Federwachstums. Diese Erkenntnis ist von elementarer Bedeutung und erklärt die meisten in der Natur zu beobachtenden «abweichenden» Kleider wie auch einen großen Teil dessen, was die Ornithologen der «individuellen Variabilität» der Vögel zuschreiben.

Eismöwen, 1. Winter *(rechts)*
Junge Großmöwen weisen ein individuell sehr variables Gefiederkleid auf, selbst innerhalb einer Art und im gleichen Alter, sowohl hinsichtlich der Grundfarbe als auch bezüglich der Intensität der dunklen Flecken, wobei diese Variabilität bei den adulten Tieren verschwindet.
Frankreich, März © Édouard Dansette (1) und Februar © Aurélien Audevard (2)

Mauserterminologie

Hat man verstanden, dass die Mauser vom Erscheinungsbild (Farbe und Form) der Federn relativ unabhängig ist, so werden die Grenzen und Ungenauigkeiten der üblicherweise für die verschiedenen Mausern verwendeten Benennungen schnell klar.

Ungenaue Benennungen

So ist beim Begriff Postnuptialmauser im Allgemeinen unterschwellig mitgemeint, dass sie zum Schlichtkleid führt. Nun haben wir im vorangegangenen Kapitel gesehen, dass eine bestimmte Mauser nicht unbedingt zu einem bestimmten Aussehen führt, auch wenn das im Allgemeinen der Fall ist.

Daher ist eine **Lachmöwe** mit vollständiger dunkler Kapuze im November keineswegs mehr im Brutkleid oder Prachtkleid, sondern sie trägt ein abweichendes Winterkleid. Dieses Kleid wird normalerweise am Ende des Winters gegen das echte Prachtkleid ausgetauscht, das genau gleich aussieht. Die Verknüpfung der Jahreszeit mit einer bestimmten Mauser ist ebenfalls ungenau: Die meisten adulten Möwen legen ihr «Winterkleid» im August an, ihr Prachtkleid dagegen im Februar oder März! Auch kann beispielsweise bei den großen Greifvögeln oder den Großmöwen kaum von Postnuptialmauser die Rede sein, deren Mauser das ganze Jahr dauert oder sich sogar über zwei oder drei Jahre erstreckt.

Schließlich ist auch noch der Fall der **Enten** zu erwähnen, bei denen die postnuptiale Vollmauser bei den Männchen zum Prachtkleid führt, bei den Weibchen hingegen zum Schlichtkleid. Die andere jährliche Mauser, die sogenannte Pränuptialmauser, findet bei den Weibchen zwischen Februar und Mai statt und führt zu deren Brutkleid oder Prachtkleid, bei den Männchen jedoch zwischen Mai und Juli und führt zu deren Schlichtkleid oder **Zwischenkleid**! Diese übliche Terminologie sieht tatsächlich keine passenden Begriffe für andere Mausern als pränuptial und postnuptial vor.

Um diese Widersprüche und Ungenauigkeiten zu vermeiden, haben zwei amerikanische Autoren, Philip S. Humphrey und Kenneth C. Parkes, eine Terminologie erarbeitet, die auf jeglichen Bezug auf Alter, Jahreszeit oder Färbung verzichtet. Diese Terminologie wurde danach von mehreren Ornithologen, darunter Peter Pyle und Steve N. G. Howell, in Büchern und Artikeln zum Thema verfeinert und perfektioniert. Sie erscheint auf den ersten Blick etwas umständlich, insbesondere für europäische Ornithologen, die an die oben beschriebenen Begriffe gewöhnt sind. Jedoch umfasst sie nur wenige, etwas technische Benennungen und erweist sich im Gebrauch als sehr viel praktischer (und genauer)!

Terminologie nach Humphrey und Parkes

In dieser Terminologie führt jede Mauser zu einem Kleid, das die Bezeichnung der Mauser trägt. Die Terminologie nach Humphrey und Parkes wurde mehrfach diskutiert und modifiziert. Der Klarheit halber stellen wir diese Terminologie in ihrem aktuellen Stand vor, ohne auf die verschiedenen historischen Versionen (deren erste von 1959 stammt!) einzugehen. Es schien uns nicht sinnvoll, das Präfix «pre» (bzw. «prä» im Deutschen) beizubehalten, das im Englischen den verschiedenen Mauserbezeichnungen beigefügt ist. So haben wir beispielsweise **prebasic moult** mit «Basismauser» übersetzt, da diese Mauser keineswegs eine «Präbasismauser» ist. Es handelt sich um die Grund- oder eben Basismauser, ebenso wie das nachfolgende Kleid das Grund- oder Basiskleid ist. Entsprechendes gilt für Reifemauser und Alternativmauser.

- **Basismauser**: Die Basismauser bezeichnet die jährliche Vollmauser, die zum **Basiskleid** einer Art führt. Sie findet bei praktisch allen Arten Eurasiens und Nordamerikas statt, auch wenn sie bei einigen großen Arten nicht wirklich jemals abgeschlossen ist. Bei vielen Arten wird sie unterbrochen, sodass ein Teil dieser Mauser vor dem Herbstzug

Terminologie nach Humphrey und Parkes und europäische Entsprechungen
Die neuen Farben kennzeichnen die Teile des Gefieders, die bei der vorherigen Mauser ausgetauscht wurden. (Sébastien Reeber)

erfolgt, die Mauser jedoch erst im Winterquartier abgeschlossen wird. Seit Steve N. G. Howell und andere den entsprechenden Vorschlag vorgelegt haben, wird die erste Vollmauser, durch welche die Dunen des Kükens durch das erste richtige (Jugend-)Kleid ersetzt werden, ebenfalls als **erste Basismauser** betrachtet. Bei der großen Mehrzahl der Vögel findet sie nach der Reproduktion statt. Die Basismauser entspricht der Postnuptialmauser.

- **Alternativmauser**: Die Alternativmauser führt zum **Alternativkleid** und stellt nach der Basismauser die zweitwichtigste Mauser im Jahreszyklus dar. Bei einigen Arten ist diese Alternativmauser eine Vollmauser, sodass diese Vögel zwei Vollmausern pro Jahr durchlaufen. Bei zahlreichen anderen verläuft sie als Teilmauser und betrifft klassischerweise einen mehr oder weniger großen Teil der Deckfedern, des Körpers, sowie eventuell einige Schwung- beziehungsweise Steuerfedern. Wie schon erwähnt, berücksichtigt diese Terminologie nicht das Erscheinungsbild des Vogels. Bei vielen Arten ist das Alternativkleid das Prachtkleid, bei den männlichen Enten beispielsweise ist es jedoch das Zwischenkleid. Die Alternativmauser entspricht der Pränuptialmauser.
- **Zusatzmauser**: Einige Arten wie die Schneehühner durchlaufen als adulte Tiere zusätzlich zu Basismauser und Alternativmauser noch eine dritte jährliche Mauser, wobei es sich hier um eine Teilmauser handelt.
- **Reifemauser**: Bei dieser nur bei Jungvögeln stattfindenden Mauser wird das Jugendkleid ersetzt, das häufig wenig dicht ist und eine vereinfachte und schwache Struktur aufweist. Die Reifemauser findet im Allgemeinen vor dem ersten Winter statt und führt zum **Reifekleid.** Sie hat in den späteren Lebensjahren des Vogels keine Entsprechung und wird in der klassischen Terminologie als postjuvenile Mauser bezeichnet. Es handelt sich meist um eine Teilmauser, welche die Federn an Kopf und Rumpf sowie einen unterschiedlich großen Teil der Flügeldecken sowie eventuell einige Steuerfedern, jedoch nur wenige oder gar keine Schwungfedern umfasst. Manchmal fehlt sie, manchmal erfolgt sie (ganz oder annähernd) als Vollmauser, und ihre Dauer variiert je nach Art, aber auch je nach Population und Zugdistanz. So verläuft die Reifemauser der Bluthänflinge der Unterart *mediterranea,* die früh im Jahr schlüpfen, als Vollmauser.
- **Hilfsmauser**: Hier handelt es sich um eine die Reifemauser ergänzende Mauser, die jedoch nur bei einigen Vogelarten im Verlauf des ersten Jahrs stattfindet und weder der ersten Basismauser noch der ersten Alternativmauser zugerechnet werden kann. Eine Hilfsmauser sollte nicht mit verzögerten Teilen der ersten Basismauser verwechselt werden. Bei zahlreichen Vögeln wächst der Körper während des ersten Lebensjahrs weiter, sodass sich die Hautoberfläche, die mit Federn zu bedecken ist, vergrößert. Die Akti-

Mausern		Kleider	
Humphrey-Parkes	Europa	Humphrey-Parkes	Europa
Basismauser 1	juvenile Mauser	Basiskleid 1	Jugendkleid
Reifemauser	postjuvenile Mauser	Reifekleid	1. Winter
Alternativmauser 1	Pränuptialmauser	Alternativkleid 1	1. Sommer
Basismauser 2, 3, 4 ...	Postnuptialmauser 2, 3, 4 ...	Basiskleid 2, 3, 4 ...	2., 3., 4. Winter/Kalenderjahr
Alternativmauser 2, 3, 4 ...	Pränuptialm. 2, 3, 4 ...	Alternativkleid 2, 3, 4 ...	2., 3., 4. Sommer
endgültige Basismauser	Postnuptialmauser	endgültiges Basiskleid	Alterskleid[1]
endgültige Alternativmauser	Pränuptialmauser	endgültiges Alternativkleid	Alterskleid[2]

Gegenüberstellung der Benennungen des Systems nach Humphrey und Parkes und des traditionellen europäischen Systems Reifemauser (postjuvenile Mauser) und Alternativmauser (Pränuptialmauser) verlaufen als Teilmauser. Die verschiedenen Basismausern (juvenile Mauser und Postnuptialmauser) verlaufen als Vollmauser (1 = eventuell Schlichtkleid; 2 = die meiste Zeit Prachtkleid).

vierung zusätzlicher Follikel stellt dabei keine Hilfsmauser dar, sondern ist Teil der ersten Basismauser, natürlich vorbehaltlich des Nachweises, dass eine erneute Aktivierung von Follikelgruppen stattfindet. Bei diesen fünf Mausertypen stellen Hilfsmauser und Ergänzungsmauser dazwischengeschobene sekundäre Mausern dar, deren Umfang und generelles Vorhandensein für viele Arten schlecht dokumentiert sind.

Alter und Mauserzyklen

Nachdem nun diese fünf Mausertypen identifiziert sind, muss noch geklärt werden, in welchem Rhythmus sie stattfinden. Als **Mauserzyklus** wird ein Zeitraum bezeichnet, der mit einer Basismauser (Vollmauser) beginnt und bei den allermeisten holarktischen Arten ein Jahr dauert. Am Ende dieses Zyklus beginnt bei den adulten Tieren ein neuer, identischer Zyklus. Wie wir gesehen haben, findet die Reifemauser (sowie gegebenenfalls die Hilfsmauser) ausschließlich im ersten Zyklus statt, also im ersten Lebensjahr des Vogels. Die weiteren Mausern werden ganz einfach nach dem Zyklus nummeriert, zu dem sie gehören. So durchläuft ein Sperlingsvogel im Laufe seines ersten Lebensjahrs seine erste Basismauser (Ausbildung des ersten richtigen Gefieders nach dem Dunenkleid des Nestlings), seine Reifemauser im Herbst/Winter und eventuell eine erste Alternativmauser im Winter oder zu Beginn des Frühjahrs. Im Sommer findet dann die zweite Basismauser statt, mit der der zweite Mauserzyklus des Vogels beginnt. Ab da führt ein Zyklus zu einem oder mehreren Kleidern, deren Erscheinungsbild mit demjenigen oder denjenigen des vorherigen Zyklus identisch ist. Diese Kleider werden als endgültige Kleider bezeichnet, gleichbedeutend mit der klassischen Bezeichnung Alterskleid.

Kleider der Schwarzkopfmöwe *(rechts)*
Das Jugendkleid (1) wird ab Basismauser 1 kurz vor oder nach dem Verlassen des Nests bis zur im Herbst stattfindenden Reifemauser getragen, die zum Reifekleid (2) führt, das auch als 1. Winterkleid bezeichnet wird. Ende des Winters führt die Alternativmauser 1 zum Alternativkleid 1 (nicht abgebildet), das traditionell als Kleid des 2. Kalenderjahrs oder des 1. Sommers bezeichnet wird und geringfügig vom vorherigen Kleid abweicht. Im Herbst findet die Basismauser 2 statt, die zum Basiskleid 2 (nicht abgebildet) führt. Dieses weicht vom endgültigen Basiskleid (4) nur durch die schwarzen Bereiche an den Handschwingen ab. Im darauffolgenden Frühjahr führt die Alternativmauser 2 zum Alternativkleid 2 (3), das ebenfalls schwarze Bereiche an den Handschwingen aufweist. Ab dem Herbst des 3. Kalenderjahrs trägt der adulte Vogel das Basiskleid (4) oder adulte Schlichtkleid, das er vor der Brutsaison gegen das Alternativkleid (5) oder Prachtkleid austauscht. Frankreich, März (1), Juli (5), September (4) © Édouard Dansette, September (2) © Philippe J. Dubois und April (3) © Frank Dhermain

1

2

3

4

5

BENENNUNGEN UND ERSCHEINUNGSBILDER DER KLEIDER

Die Terminologie nach Humphrey und Parkes bezieht sich nicht auf das Erscheinungsbild der Kleider. Die jährliche Vollmauser führt bei männlichen Enten zum sogenannten Prachtkleid, bei den Schnepfenvögeln zum Schlichtkleid. Das Erscheinungsbild Prachtkleid der Löffelente ist also mit dem Basiskleid verknüpft, dasjenige des Sichelstrandläufers mit dem Alternativkleid. Eine jährliche Vollmauser, die Basismauser, führt zum Basiskleid; eine häufig als Teilmauser erfolgende Alternativmauser führt zum Alternativkleid, unabhängig vom jeweiligen Erscheinungsbild.

Löffelente im Basiskleid *(unten)*

Schweiz, Januar © Vincent Palomares

Sichelstrandläufer im Alternativkleid *(oben)*

Frankreich, Mai © Aurélien Audevard

Bluthänfling, männlich
Der adulte Bluthänfling durchläuft nur eine einzige jährliche Mauser, die zu einem einzigen Kleid führt, dem Basiskleid.
Frankreich, Mai © Christian Aussaguel

Bluthänfling, juvenil
Im System nach Humphrey und Parkes wird das Jugendkleid als 1. Basiskleid betrachtet. Frankreich, Juli © Fabrice Jallu

Männliches Moorschneehuhn in der Mauser
Die adulten Schneehühner durchlaufen jährlich eine Vollmauser, eine Teilmauser sowie eine Zusatzmauser begrenzten Umfangs, wobei das Zeitschema für männliche und weibliche Tiere unterschiedlich ist und zu drei unterschiedlichen Kleidern führt.
Finnland, Mai © Marc Duquet

Mauserstrategien

Nachdem wir uns die verschiedenen Mausertypen klargemacht haben, ist es nun möglich, die Frage der Mauserstrategien in Angriff zu nehmen. Dieser Begriff bezeichnet die Art und Weise, wie sich bei einer gegebenen Vogelpopulation die verschiedenen Mausern im Laufe des Lebens jedes Individuums aneinanderreihen, was wiederum durch unterschiedliche Parameter beeinflusst wird. In erster Linie hängt die Mauserstrategie von der Lebensweise des Vogels und den für ihn geltenden umweltbedingten Zwängen ab. Eine bessere Kenntnis der Mauserstrategie einer Art liefert zahlreiche Informationen, insbesondere im Hinblick auf die Identifikation von Bedrohungen oder die Einleitung von spezifischen Schutzmaßnahmen. Außerdem ermöglicht es die Untersuchung der Mauserstrategien, die durch die Terminologie nach Humphrey und Parkes enorm erleichtert wird, Ähnlichkeiten und Unterschiede zwischen Populationen und Arten zu erkennen. Diese Gemeinsamkeiten und Unterschiede sind durch die jeweilige Entwicklung der Arten bestimmt und tragen also auch zur Beschreibung der phylogenetischen Beziehungen bei.

Große Mauserstrategien

Es werden vier verschiedene Mauserstrategien unterschieden, die auf den folgenden Seiten im Detail beschrieben werden; dazu werden die diese Strategien jeweils verfolgenden Arten genannt. Diese Mauserstrategien hängen von folgenden Parametern ab: der **Häufigkeit der Mausern** (Basis- oder Alternativmausern) und dem eventuellen Vorhandensein einer **spezifischen Mauser im ersten Zyklus** (einfach oder komplex).

Eine Mauserstrategie wird als **Basisstrategie** bezeichnet, wenn nur eine Mauser stattfindet, oder aber als **Alternativstrategie**, wenn mindestens zwei Mausern stattfinden.

Findet während des ersten Lebensjahrs des Vogels eine Reifemauser statt, gilt die Strategie als **komplex**, ist die Zahl der Mausern unabhängig vom Alter immer identisch, so gilt sie als **einfach**.

Mauserstrategien	**Basisstrategie** Eine Mauser pro endgültigem Zyklus	**Alternativstrategie** Zwei oder mehr Mausern pro endgültigem Zyklus
Einfach Gleiche Anzahl von Mausern während aller Zyklen	**Einfache Basisstrategie (EBS)**	**Einfache Alternativstrategie (EAS)**
Komplex Eine Zusatzmauser im 1. Zyklus	**Komplexe Basisstrategie (KBS)**	**Komplexe Alternativstrategie (KAS)**

Jede der vier Strategien ist also entweder eine Basisstrategie oder eine Alternativstrategie, und zwar entweder einfach oder komplex. Bei der Detailbetrachtung können unter dem Begriff der unterschiedlichen Mauserstrategien auch andere Parameter wie Umfang, Termin, Ort (Brutgebiet, Zug, Winterquartier), Dauer und die Frage, ob unterbrochen oder nicht, berücksichtigt werden. Man wird dabei nicht nur feststellen, dass wichtige Unterschiede zwischen verwandten Arten und zwischen Populationen oder sogar zwischen Individuen ein und derselben Art bestehen, sondern auch, dass wir noch längst nicht alles darüber wissen. Dieser Klassifizierungsversuch ist ein erster Ansatz, dessen Verdienst eher in der Herausarbeitung von Ähnlichkeiten als in der Betonung der Unterschiede liegt, zumal auch hier gilt, dass die Dinge umso komplizierter werden, je weiter man ins Detail geht.

Schwarzhalstaucher im Prachtkleid *(rechts)*
Der Schwarzhalstaucher gehört zu der großen Zahl von Vögeln, die im Laufe eines jährlichen Zyklus zwischen zwei recht unterschiedlich aussehenden Kleidern wechseln, wobei die Färbung während der Brutsaison häufig deutlich auffälliger ist.

Frankreich, März © Édouard Dansette

Türkentaube adult
Adulte Türkentauben mausern nur einmal im Jahr und bieten unabhängig von der Jahreszeit immer das gleiche Erscheinungsbild. Frankreich, April © Marc Duquet

Rosenmöwe, 1. Winter
Viele Vögel durchlaufen in ihrem ersten Lebensjahr eine Zwischenmauser, die gelegentlich zu einem bemerkenswerten Reifekleid führt. Frankreich, Januar © Aurélien Audevard

Einfache Basisstrategie (EBS)

Dies ist die elementarste Mauserstrategie, möglicherweise auch die ursprünglichste, von der Evolution her betrachtet. Sie umfasst nur **eine einzige Vollmauser pro Zyklus**, sowohl während des ersten Zyklus als auch danach. Anders ausgedrückt, ändert sich das Erscheinungsbild beim adulten Vogel nur aufgrund der Abnutzung des Gefieders, und im ersten Zyklus findet keine Zusatzmauser statt.

Dieser Mauserstrategie folgen relativ wenige Arten. Es handelt sich vor allem um die Röhrennasen (Albatrosse, Sturmtaucher, Sturmvögel und Sturmschwalben), obwohl manche Sturmschwalben- und Sturmtaucherarten der Tropen im ersten Jahr eine Art Reifemauser zu durchlaufen scheinen. Diese Röhrennasen mausern generell nicht während der Brutsaison. Sie legen bei der Nahrungssuche auf hoher See sehr weite Strecken zurück und brauchen, gerade wenn Nachwuchs zu füttern ist, ein vollständig intaktes Gefieder. Dieser bleibt übrigens lange beim Nest und wird zwei bis sechs Monate lang von den Eltern mit Nahrung versorgt. Die Jungen wiegen beim Ausfliegen manchmal mehr als die Eltern und können auf diese Weise sehr viel Energie in das Jugendkleid investieren, das zweifellos ausreichend entwickelt ist, um eine Reifemauser überflüssig zu machen. Andererseits sind die großen Arten durch diese lange Brutsaison gezwungen, ihre Mauser in sehr kurzer Zeit durchzuführen. Dies führt dazu, dass ein beträchtlicher Anteil der adulten Vögel nicht jedes Jahr brütet, sondern in einem «Sabbatjahr» die vor Beginn der vorherigen Brut begonnene Mauser zum Abschluss bringt. Diese Strategie eines langen Aufenthalts der Jungen beim Nest stellt hohe Anforderungen an den Nistplatz bezüglich des Schutzes vor Fressfeinden. Dies ist der Grund, warum in Höhlen oder Vertiefungen, in Felswänden, im Geröll oder auf kleinen Inseln im Mehr gebrütet wird. Andere Artengruppen, die in diese Kategorie fallen, sind die Neuweltgeier sowie auch die Schleiereule. Ein kleiner Teil (dessen genauer Bestimmung noch aussteht) der Individuen verschiedener Arten der Habichtartigen, Falkenartigen und Möwen durchläuft keine Reifemauser und mausert also ebenfalls nach einer einfachen Basisstrategie.

Einfache Basisstrategie
Die einfache Basisstrategie sieht nur eine Mauser (Vollmauser oder Teilmauser) pro Zyklus vor, unabhängig vom Alter des Vogels. (Sébastien Reeber)

Schwarzbrauenalbatros, adult *(unten)*
Der lange Aufenthalt am Nest erlaubt es den jungen Albatrossen, ein Gefieder auszubilden, das an die Qualität des Gefieders der adulten Tiere heranreicht. Eine Reifemauser ist damit überflüssig. Frankreich, Oktober © Fabien Mercier

Eine Legende zu den Diagrammen finden Sie auf Seite 191.

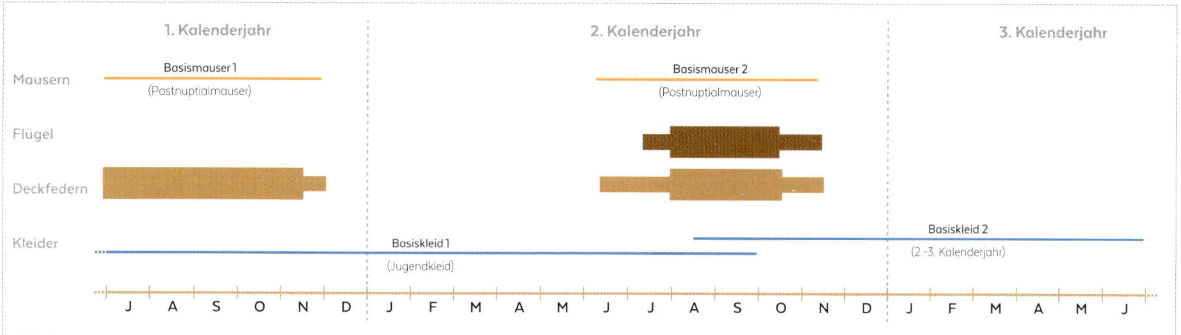

Mauserdiagramm Schleiereule

Die 1. Basismauser dauert bei der Schleiereule besonders lange, da die Deckfedern des Jungvogels bis Mitte des Herbstes weiterwachsen. Die Handschwingen werden exzentrisch ausgetauscht, und zwar zwei oder drei Federn pro Jahr, sodass zur Erneuerung aller Handschwingen drei bis vier Jahre benötigt werden. *(Legende siehe Seite 191)*

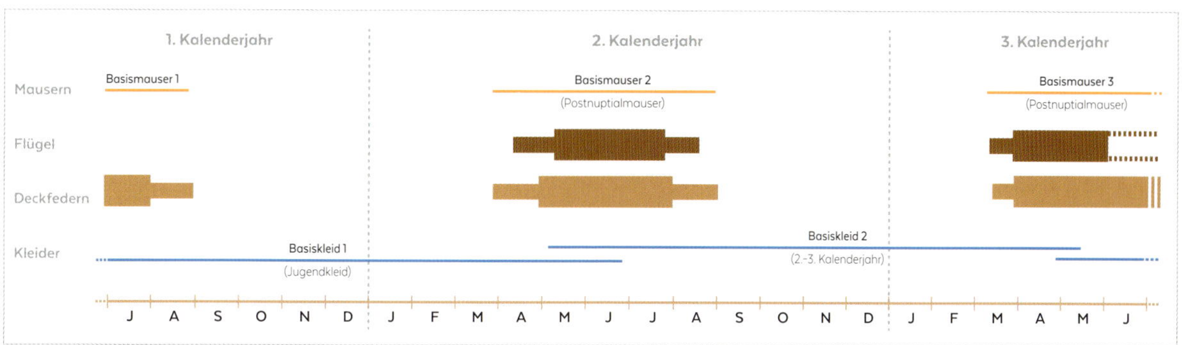

Mauserdiagramm Elfenbeinmöwe

Die Elfenbeinmöwe ist die einzige Möwe der Holarktis, die im 1. Zyklus keine Zusatzmauser (Reifemauser oder Alternativmauser) durchläuft, sondern bis zum Frühjahr des 2. Kalenderjahrs ein vollständiges Jugendkleid trägt. Die adulten Brutvögel beginnen im Frühjahr mit der Mauser der Flügel und unterbrechen die Mauser während der Aufzucht der Jungen.

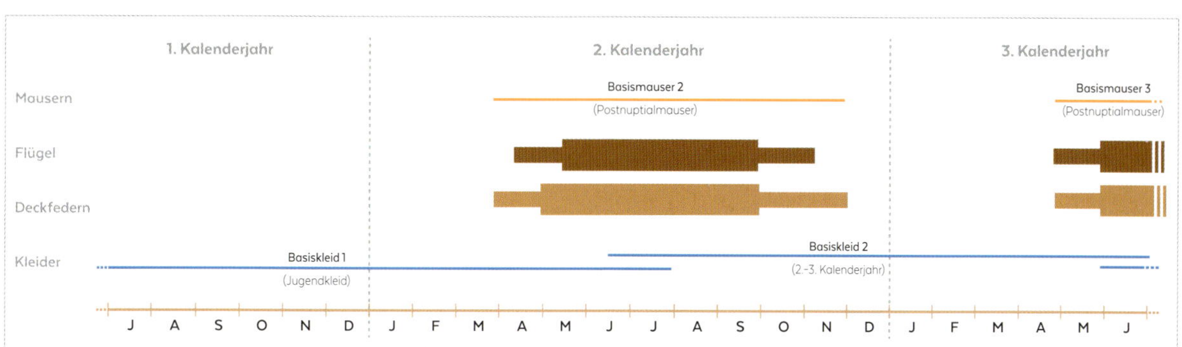

Mauserdiagramm Eissturmvogel

Es wird häufig die Möglichkeit einer auf Kopf und Oberseite begrenzten Mauser bei einem unbekannten Teil der Jungvögel diskutiert. Wäre dies allgemein der Fall, gäbe es also eine Reifemauser, so würde diese Mauserstrategie unter die Kategorie der komplexen Basismausern fallen. Unabhängig vom Alter werden bei einer einzigen Mauser im Jahr meistens einige Armschwingen ausgelassen.

Truthahngeier
Die Truthahngeier unterbrechen die Mauser der Schwungfedern im Winter (hier sind die vier inneren Handschwingen neu), und es werden häufig einige Armschwingen aus der vorherigen Mauser behalten. Kalifornien, Februar © Sébastien Reeber

Elfenbeinmöwe, 2. Kalenderjahr
Die Elfenbeinmöwe ist die einzige europäische Möwe, die nicht im 1. Zyklus eine Teilmauser durchläuft. Dies erklärt, warum dieser Vogel noch im Januar ein vollständiges Jugendkleid trägt. Dies wird sich erst im Frühjahr ändern. Frankreich, Januar © Aurélien Audevard

Schleiereule
Anders als die anderen Eulen durchlaufen Schleiereulen keine Reifemauser, da die Federn des Jugendkleids bei dieser Art widerstandsfähiger sind. Das 1. Basiskleid ist mit dem Alterskleid praktisch identisch. Frankreich, Januar © Christian Aussaguel

Komplexe Basisstrategie (KBS)

Auch bei dieser Mauserstrategie findet bei adulten Vögeln nur **eine einzige jährliche Vollmauser** statt, jedoch **zusätzlich eine Reifemauser.** Diese Mauser ist im ersten Zyklus zwischen die beiden Basismausern eingeschoben und bleibt in den darauffolgenden Zyklen ohne Entsprechung.

Evolutionär betrachtet kann sich dieses Reifekleid als Reaktion darauf entwickelt haben, dass die sehr jungen Küken bei den meisten Arten besonders leicht Opfer von Fressfeinden werden. Es könnte tatsächlich wichtiger gewesen sein, schnell zu wachsen und das Nest zu verlassen, als mehr Energie in das Gefieder zu investieren. Bei einer Reifemauser erlangt der Jungvogel dann anschließend ein Kleid, das sich in Erscheinungsbild und Struktur dem Alterskleid annähert.

Die komplexe Basisstrategie wird von den meisten Vögeln der Holarktis verfolgt. Insbesondere sind Schwäne, Gänse, Fasanenartige, Tölpel, Reiher, die meisten Greifvögel, Falken und Eulen, Rallen, Kraniche, Tauben, Kuckucke, Nachtschwalben, Spechte, Rabenvögel und viele Sperlingsvögel zu nennen. Diese Mauserstrategie führt natürlich zu einem konstanten Erscheinungsbild beim Altvogel. Veränderungen im Gefieder sind dann auf Abnutzung der Federn zurückzuführen (wie beispielsweise beim Haussperling oder beim Star), oder auf Pigmente, die aus der natürlichen Umgebung aufgenommen werden (wie bei Kranichen der Gattung *Grus*).

Haussperling, männlich *(unten)*
Der schwarze Brustlatz des männlichen Haussperlings wird mit zunehmender Abnutzung der Federsäume sichtbar.
Frankreich, Oktober © Marc Duquet

Komplexe Basisstrategie *(oben)*
Die komplexe Basisstrategie umfasst eine einzige Vollmauser oder Quasi-Vollmauser pro Zyklus beim Altvogel, zuzüglich einer eingeschobenen Mauser im 1. Zyklus. (Sébastien Reeber)

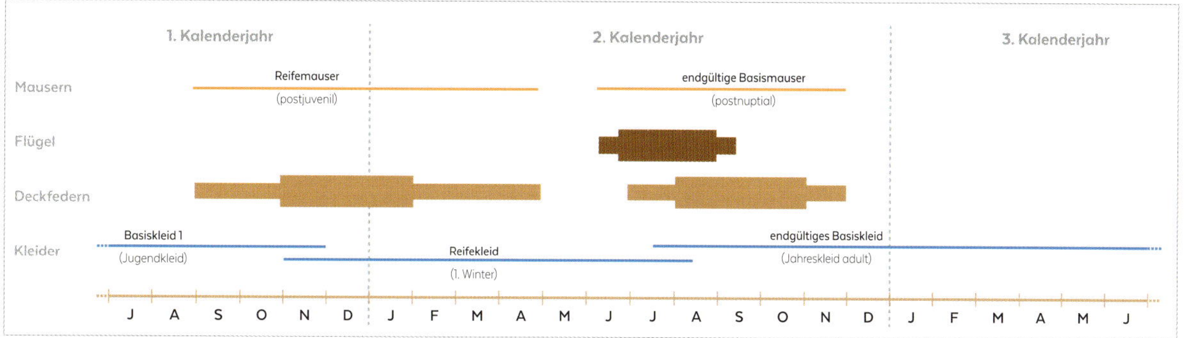

Mauserdiagramm Blässgans

Die Reifemauser erfolgt als Teilmauser ohne die Flügel und findet vorrangig im Winterquartier statt. Während der kältesten Monate kann sie unterbrochen sein. Die endgültige Basismauser findet in den Brutgebieten oder den Mausergebieten in der Arktis statt und wird beim Herbstzug mit der Mauser der Deckfedern abgeschossen.

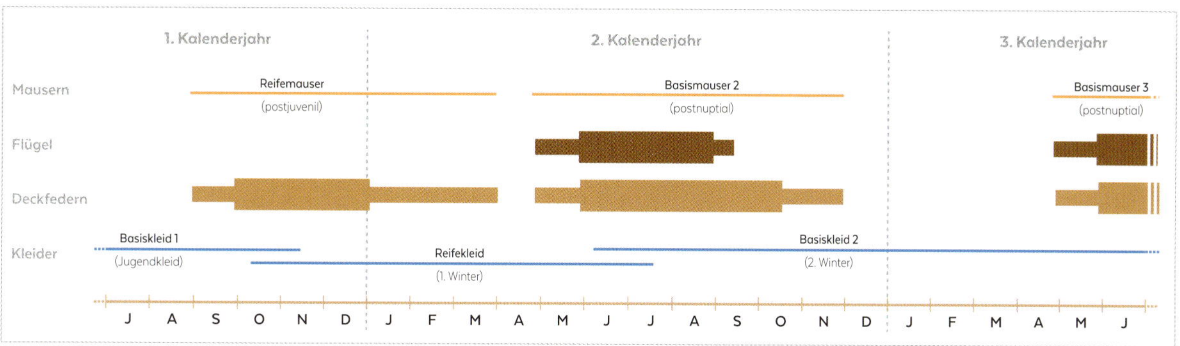

Mauserdiagramm Silberreiher

Nach der Reifemauser, die im Wesentlichen im Winter stattfindet, erfolgt im Wesentlichen im Sommer die 1. Basismauser. Wie bei vielen großen Vogelarten, die nicht schon ab dem 2. Lebensjahr brüten, findet die 2. Basismauser früher statt und dauert länger als bei den Altvögeln.

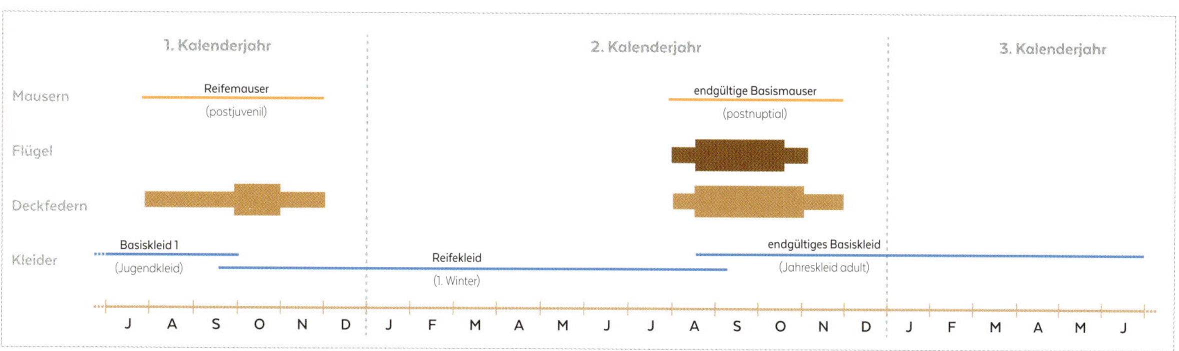

Mauserdiagramm Seidenschwanz

Typisches Diagramm einer kleinen Vogelart mit relativ schnell verlaufender Mauser, sodass das Reifekleid fast ein ganzes Jahr lang getragen werden kann. Die meisten adulten Vögel mausern vor dem Herbstzug; einige unterbrechen jedoch die Mauser der Flügel (Armschwingen) und schließen sie erst nach Ankunft im Brutgebiet ab.

Kanadakraniche, adult
Wie bei den Grauen Kranichen färbt sich auch die Körperoberseite der Kanadakraniche leicht rostrot; dies liegt am Eisenoxid im Wasser, mit dem sich die Vögel die Federn glätten. Diese Färbung entsteht also weder durch Mauser noch durch Gefiederabnutzung, auch wenn die Menge der verfärbten Federn, die von einem Jahr zum anderen erhalten bleiben, je nach Individuum unterschiedlich ist.
Florida, Februar © Sébastien Reeber

Rohrammer, männlich
Die männliche Rohrammer erlangt ihr Prachtkleid nicht durch eine Alternativmauser, sondern durch Gefiederabnutzung, indem die hellen Federsäume verschwinden und die schwarze Basis der Kopffedern freigelegt wird. Frankreich, Dezember © Sébastien Reeber

Ringdrossel, 1. Winter
Die Ringdrossel ist ein typischer Vertreter der Vögel, deren Erscheinungsbild sich im Jahresverlauf ändert, obwohl die adulten Vögel nur einmal im Jahr mausern. Tatsächlich nutzen sich die weißen Federsäume, die dem neuen Gefieder ein geschupptes Aussehen verleihen, ab und lassen ein je nach Geschlecht dunkelbraunes oder schwarzes Gefieder hervortreten. Frankreich, Oktober © Fabrice Jallu

Einfache Alternativstrategie (EAS)

Alle Arten mit **zwei Mausern in jedem Zyklus** ohne zusätzliche Mauser im ersten Kalenderjahr wenden eine einfache Alternativstrategie an. Diese Strategie trifft auf relativ wenige Vögel der Holarktis zu. Man findet sie bei den Seetauchern, den Kormoranen, den Ibissen, den Löfflern, einigen Großmöwen und einigen Alken. Bei mehreren der genannten Artengruppen ist bezüglich im ersten Kalenderjahr erfolgenden Teilmauser allerdings unklar, ob es sich um eine Reifemauser oder um eine erste Alternativmauser handelt.

Bei einigen Arten bestehen Unklarheiten. So ist beispielsweise bei den Meerenten der Umfang und sogar die generelle Existenz einer Alternativmauser umstritten. Es könnte sich um Erscheinungen einer besonders lang andauernden Basismauser handeln oder um eine hinsichtlich des Umfangs sehr variable Alternativmauser, die bei den Jungvögeln und bei manchen Altvögeln fehlt. Es ist allerdings dafür eine Reifemauser vorhanden, was diese Meerenten in die Kategorie der einfachen Alternativstrategie fallen ließe, soweit diese Alternativmauser existiert. Sollte sich zeigen, dass die Alternativmauser in keinem Altersabschnitt vorkommt, würde eher die komplexe Basisstrategie zutreffen. Bei den Flamingos bestehen ähnliche Unklarheiten.

Der Austernfischer durchläuft unabhängig vom Alter des Vogels zwei jährliche Mausern, sodass auf ihn diese Mauserstrategie zutrifft. Jedoch durchlaufen andere und insbesondere die sesshafteren Vertreter der Gattung möglicherweise als adulte Vögel keine Alternativmauser, sodass sie der komplexen Basisstrategie zuzuordnen wären. Bei mehreren großen Schnepfenvogelarten ist nachgewiesen, dass die adulten Tiere zwei Mausern pro Jahr durchlaufen. Hingegen scheint die erste Alternativmauser der Jungvögel hinsichtlich des Umfangs variabel zu sein und bei manchen Individuen überhaupt nicht stattzufinden. Bei einigen großen Zugvögeln zeigen einige Jungvögel, die ihr erstes Früh-

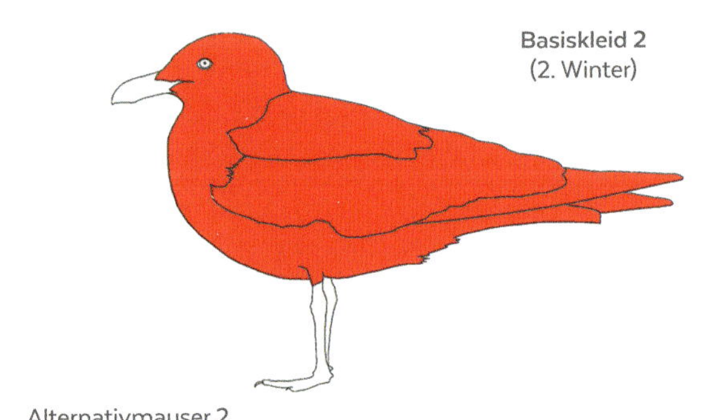

Einfache Alternativstrategie *(rechts)*
Die einfache Alternativstrategie umfasst zwei Mausern pro Jahr, unabhängig vom Alter des Vogels. (Sébastien Reeber)

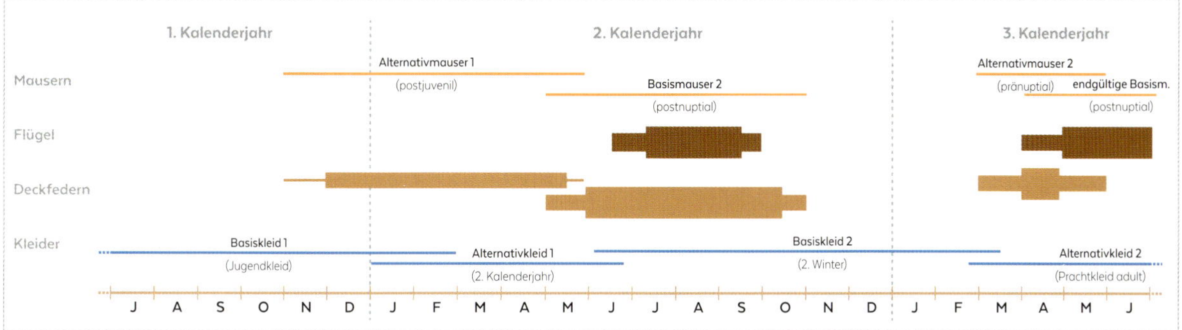

Mauserdiagramm Eistaucher
Wie viele große Vogelarten brüten auch Eistaucher erst im 3. oder 4. Jahr. Das Zeitschema der Mausern passt sich allmählich an, und bei den adulten Tieren werden die Federn der Flügel im Frühjahr zeitgleich mit der Ausbildung des Prachtkleids ersetzt. Wie die Entenvögel werfen die Eistaucher alle Schwungfedern gleichzeitig ab.

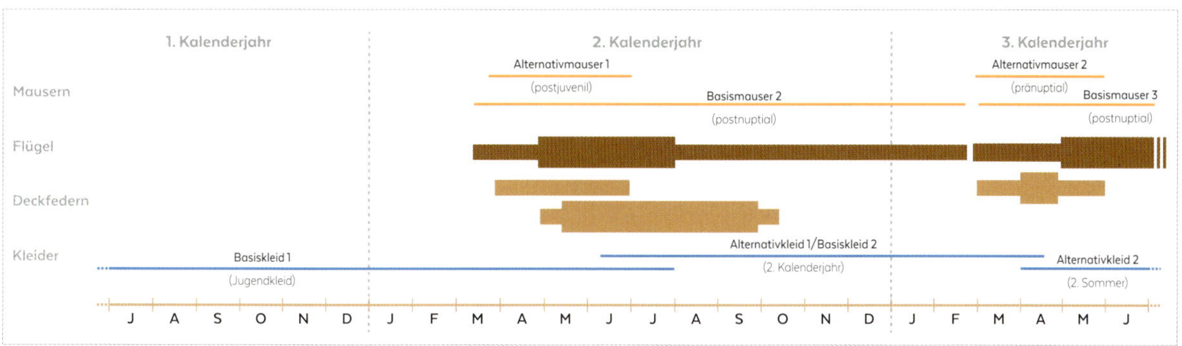

Mauserdiagramm Papageitaucher
Der Zeitraum für den Austausch der Flügelfedern ist sehr ausgedehnt und variiert stark je nach Altersklasse. Dadurch sind praktisch während des ganzen Jahres irgendwelche Papageitaucher dabei, Flügelfedern zu erneuern, während die Mauser der Flügel beim einzelnen Vogel sehr schnell verläuft. Tatsächlich werden im Allgemeinen alle Schwungfedern fast gleichzeitig abgeworfen.

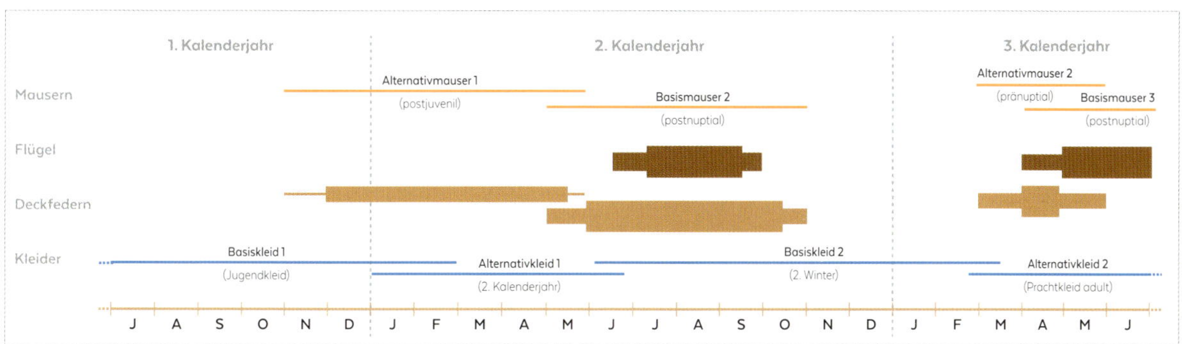

Mauserdiagramm Silbermöwe
Wie bei den Papageitauchern ähnelt die einzige Teilmauser, welche die Großmöwen im 1. Zyklus beginnen, eher einer Alternativmauser als einer Reifemauser. Die Möwen unterscheiden sich jedoch von den Papageitauchern durch langsam verlaufende Mausern, die sich sich über einen langen Zeitraum erstrecken und einander häufig sogar überlagern.

jahr in den Winterquartieren verbringen, offensichtlich ein Erscheinungsbild, das dem wenig farbigen und abgenutzten Reifekleid sehr ähnelt, während andere Individuen, die die Brutgebiete aufgesucht haben, mehr den adulten Tieren im Alternativkleid ähneln. Offenbar ist die komplexe Alternativstrategie die Regel, aber ein Teil der Individuen bestimmter großer Arten durchläuft eine erste Alternativmauser, die so stark reduziert ist, dass kaum ein Unterschied zur einfachen Alternativstrategie besteht. Genau das Gleiche gilt auch für Seeschwalben und Scherenschnäbel.

Papageitaucher, adult
Papageitaucher weisen die Besonderheit auf, nur auf hoher See zu mausern, was die Untersuchung ihrer Mauserstrategie erschwert. Dieser adulte Vogel ist im Alternativkleid. Frankreich, Juli © Fabrice Jallu

Kiebitzregenpfeifer, 2. Kalenderjahr
Dieser Regenpfeifer verfolgt eine komplexe Alternativstrategie, jedoch durchlaufen viele in den Süden ziehende Vögel im 2. Kalenderjahr bestenfalls eine sehr begrenzte Alternativmauser.
Texas, April © Sébastien Reeber

Polarmöwe, 1. Winter
Bei den Polarmöwen ist die einzige Teilmauser im 1. Zyklus von begrenztem Umfang und setzt spät ein. Sie ähnelt eher einer Alternativmauser als einer Reifemauser.
Frankreich, Februar © Thierry Quelennec

Trauerente, männlich
Dieses adulte Männchen hat seine Alternativmauser abgeschlossen, einschließlich Kopf und Schulterfedern, und beginnt mit der Basismauser. Wie bei anderen Seevögeln ist über die Mauserstrategie der Meerenten bisher nur wenig bekannt. Frankreich, Juli © Fabrice Croset

Komplexe Alternativstrategie (KAS)

Diese Strategie umfasst die höchste Zahl an unterschiedlichen Mausern mit mindestens drei Mausern im ersten Zyklus und mindestens zwei Mausern in den darauffolgenden Jahren. Sie wird von den meisten Enten, einigen Hühnervögeln, den Lappentauchern, den meisten Limikolen, den kleinen Möwen, den Raubmöwen, einigen Alken und vielen Sperlingsvögeln (Grasmückenartigen, Stelzen und Piepern, Kleibern, Waldsängern, einigen Fliegenschnäppern etc.) praktiziert. Bei zahlreichen Familien ist die endgültige Alternativmauser auf die Erneuerung eines Teils der Federn an Kopf und Hals beschränkt. Dies gilt für zahlreiche Hühnervögel, aber auch für Gänse, bei denen diese Mauser so reduziert ist (und bei Weitem nicht systematisch), dass sie tatsächlich als praktisch nicht existent betrachtet wird. Möglicherweise ist sie, evolutionär betrachtet, gerade im Verschwinden begriffen oder im Entstehen.

Wie bei den Arten, die eine einfache Alternativstrategie verfolgen, weisen die Arten mit komplexer Alternativstrategie im Allgemeinen im Laufe des Jahres zwei Kleider mit recht unterschiedlichem Erscheinungsbild auf, wobei die Alternativmauser, die häufig zum Ausgang des Winters oder im Frühjahr erfolgt, im Hinblick auf die Brutsaison zu einem farbenprächtigeren Gefieder führt. Enten sind dagegen schon seit Herbst und bis zum darauffolgenden Frühjahr im Prachtkleid, während sie danach ein braun gestreiftes Alternativkleid anlegen, das ihnen bessere Tarnung bietet, wenn alle Flügelfedern gleichzeitig ausgetauscht werden und sie flugunfähig sind.

Die beiden Strategien unterscheiden sich darin, dass bei der KAS zwischen Reifemauser und zweite Basismauser, also zu Beginn des zweiten Kalenderjahrs des Vogels, eine weitere Mauser eingeschoben ist. Offenbar handelt es sich hierbei lediglich um eine früh im Jahr stattfindende Anpassung oder Annäherung des Gefiederkleids an das Erscheinungsbild des Brutkleids im Hinblick auf einen Brutversuch in diesem Alter. Bei zahlreichen Arten bleibt dieses erste «Brutkleid» jedoch unvollständig und etwas farbloser und erlaubt keinen Brutversuch.

Komplexe Alternativstrategie *(rechts)*
Die komplexe Alternativstrategie umfasst mindestens zwei Mausern pro Zyklus beim adulten Vogel und mindestens drei Mausern im 1. Zyklus. (Sébastien Reeber)

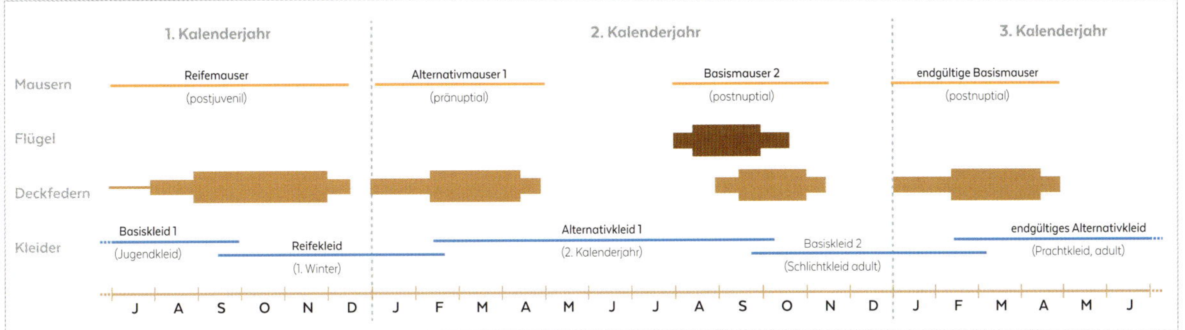

Mauserdiagramm Spießente, weiblich

Wie bei allen Schwimmenten sowie den Tauchenten der Gattung *Aythya* mausern Männchen und Weibchen zu unterschiedlichen Zeiten. Die männlichen Tiere durchlaufen ihre Alternativmauser nach der Paarung und die Basismauser im Sommer. Die Weibchen durchlaufen ihre Alternativmauser vor der Brutzeit und ihre Basismauser kurz nach dem Flüggewerden der Jungen.

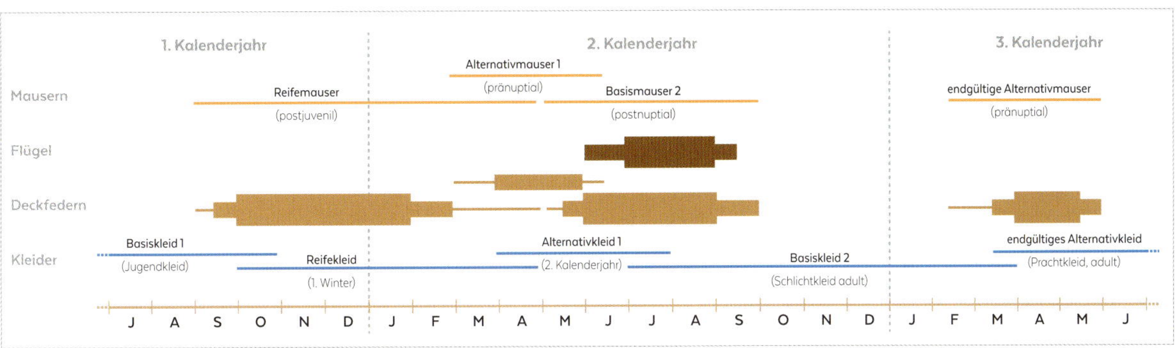

Mauserdiagramm Kiebitzregenpfeifer

Das Zeitschema für Reifemauser und Basismauser dieser Art variiert stark in Abhängigkeit von den Zugdistanzen der Vögel. Die in nördlicheren Regionen überwinternden Tiere beider Altersklassen mausern vor Ankunft im Winterquartier, während sich die Mauser bei den Tieren, die in der südlichen Hemisphäre überwintern, verlängert oder vollständig im Winterquartier erfolgt.

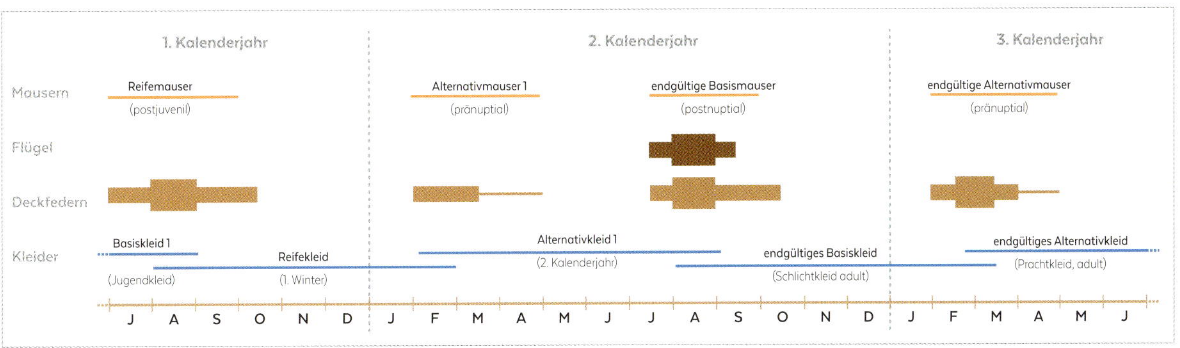

Mauserdiagramm Blaukehlchen

Das Blaukehlchen durchläuft nur eine begrenzte Alternativmauser. Die adulten Männchen ersetzen die Federn an Kopf und Kehle vor dem Nestbau, während diese Mauser bei manchen Weibchen und bei Jungvögeln unterbleiben kann. Zu beachten ist auch, dass Flügel und Schwanz einen sehr schnellen Mauserverlauf aufweisen und die Vögel in dieser Zeit fast flugunfähig sind.

Dunkler Wasserläufer
Unter den europäischen Wasserläufern ist der Dunkle Wasserläufer derjenige, bei dem sich die beiden jährlichen Gefiederkleider der adulten Tiere am stärksten unterscheiden, auch wenn alle Vertreter der Gattung zweimal im Jahr mausern.
Frankreich, April © Vincent Palomares

Kolbenente, männlich, im Zwischenkleid
Wie bei vielen Enten ist das auch Zwischenkleid genannte Alternativkleid der Männchen wesentlich unauffälliger als das Basiskleid und tarnt die Männchen während der Mauser der Flügel. Frankreich, August © Fabrice und Laurent Desage

Magnolienwaldsänger, männlich
Zu beachten sind die inneren großen Armdecken, die weiß sind.
Ontario, Mai © Marc Duquet

Brillengrasmücke, männlich
Brillengrasmücken durchlaufen eine umfangreiche Alternativmauser, die (hier) zwei Schirmfedern mit einschließt.
Frankreich, April © Fabrice und Laurent Desage

Japanschnäpper, männlich
Die Alternativstrategie ist bei den Männchen mit ihrem farbigeren Gefieder deutlich zu erkennen. Südkorea, April © Aurélien Audevard

Scharlachtangare, männlich
Nur das Alternativkleid der Männchen ist rot, alle anderen Kleider der Art sind gelb. Ontario, Mai © Marc Duquet

Bedingungen der Mauserstrategien

Es stellt sich die grundlegende Frage, welche Faktoren eine Mauserstrategie beeinflussen und wie diese Strategie sich entwickelt. Sind die mit der Mauser verknüpften Konzepte tief im genetischen Erbe jedes Individuums, jeder Population und jeder Artengruppe verankert? Oder handelt es sich vielmehr um sekundäre Merkmale, die sich abhängig von den Bedürfnissen des einzelnen Vogels schnell ändern können? Natürlich gibt es enorm viele Beispiele, bei denen die Mauserstrategie perfekt an die Lebensweise des betreffenden Vogels angepasst zu sein scheint. Aber haben sich die Lebensweisen als Anpassung an die ererbte Mauserstrategie entwickelt oder hat sich die Mauserstrategie an die Bedürfnisse des Vogels angepasst? Oft ist es ein bisschen wie mit der Henne und dem Ei, aber ganz ignorieren sollte man die Frage nicht.

Variabilität der Mauserstrategien

Zunächst lässt sich feststellen, dass eine Mauserstrategie bei Familien, Populationen und sogar Individuen variabel ist und dass sie nicht zwangsläufig artspezifisch ist. Zahlreiche Beispiele belegen, dass verschiedene Populationen einer Art eine unterschiedliche Mauserstrategie verfolgen können. Viel schwieriger ist es, die Frage zu beantworten, ob ein Individuum seine Art zu mausern im Laufe seines Lebens ändern kann. Dies ist nur durch die Beobachtung von Vögeln in Gefangenschaft möglich, wo die Lebensbedingungen wiederum so anders sind, dass es schwierig ist, die gewonnenen Erkenntnisse zu übertragen. Sicher ist dabei nur, dass ein Vogel, der leicht Nahrung findet, eher mehr mausert (sowohl häufiger als auch jeweils länger). Dieses Phänomen wurde für gefangene Enten ausführlich beschrieben, bei denen manche Arten bis zu drei Flügelmausern pro Jahr durchlaufen können. Dies schränkt die Vererbungshypothese stark ein.

Mauserstrategie und Biologie der Arten

Zu den wichtigsten biologischen Aspekten der Mauser gehören vor allem solche, die mit den sozialen Beziehungen und dem allgemeinen Verhalten in Beziehung stehen. Vögel, die für die Paarung ein besonderes Aussehen annehmen, durchlaufen eine Mauser, durch die sie genau zur richtigen Zeit ein farbigeres und neues Gefieder haben. Ein solches Gefieder ist sinnlos für Arten, bei denen die Partner lebenslang zusammenbleiben. Weiter korreliert die Mauserstrategie offenkundig mit dem Zeitplan des Zuges und den dabei zurückgelegten Distanzen. Andere Einflussfaktoren sind die Neigung, sich der Sonne auszusetzen, Gewässer aufzusuchen, welche die Sonnenstrahlung noch verstärken, oder Habitate wie Schilfgebiete zu bevorzugen, in denen sich das Gefieder schnell abnutzt. Weitere Aspekte der Mauser hängen mit der Konstitution des Vogels zusammen. Die großen Arten, bei denen die Jungvögel erst spät geschlechtsreif werden, haben angepasste Mauserstrategien entwickelt, insbesondere für die ersten Lebensjahre. Auch die Bedeutung der Flugfähigkeit für die Lebensweise der einzelnen Arten wirkt sich auf die Mauserstrategie aus. Zahlreiche Greifvögel müssen an allen Tagen fliegen, um sich mit Nahrung zu versorgen, und mausern daher allmählich während eines Großteils des Jahres. Umgekehrt sind manche Sperlingsvögel der Feuchtgebiete, wie Blaukehlchen, Rohrsänger, Schwirle oder auch Rohrsänger, während ihrer Vollmauser annähernd flugunfähig und vollziehen diese deshalb in nahrungsreicher Umgebung innerhalb sehr kurzer Zeit, um während der übrigen Zeit über ein vollständig funktionsfähiges Gefieder

Zwergsultanshuhn, adult *(rechts)*
Viele Rallen erneuern alle Schwungfedern gleichzeitig und sind in dieser Zeit flugunfähig. Wie für viele Arten mit schwerem Körper und kleinen Flügeln ist es sinnvoller, einige Wochen gar nicht als mehrere Monate schlecht fliegen zu können.
Florida, Februar © Sébastien Reeber

zu verfügen. Ähnliches gilt für Enten und Gänse, die alle Schwungfedern gleichzeitig ersetzen und während einiger Wochen nicht fliegen können. Bei ihnen sind die Flügel im Verhältnis zur Masse des Vogels eher klein, sodass ihre Flugfähigkeit schon beeinträchtigt wäre, wenn nur einige wenige Schwungfedern fehlen würden. In diesem Fall ist es sinnvoller, alle Schwungfedern auf einmal auszutauschen. Und schließlich gibt es noch den Fall des Mauserzugs, bei dem die Vögel sich zur Mauser in sehr großer Zahl in vor Fressfeinden geschützten Gebieten mit reichem Nahrungsangebot sammeln, beispielsweise den großen Seen in der Schweiz oder dem Wattenmeer zwischen den Friesischen Inseln und der Westküste Dänemarks.

Ein noch wenig erforschtes Thema

Es ist noch vieles nicht geklärt hinsichtlich der Stellung der Mauserstrategie in der Evolution der Arten sowie der Beziehungen zwischen der Mauserstrategie und den anderen Elementen der Entwicklungsgeschichte jeder Art. Der heutige Kenntnisstand lässt die Vermutung zu, dass die Mauserstrategie – im Rahmen der Notwendigkeiten bezüglich der Erneuerung des Gefieders – verhältnismäßig flexibel ist und sich bei Veränderungen der umweltspezifischen Gegebenheiten recht schnell weiterentwickeln kann. Die Mauserstrategie scheint genetisch nicht sehr festgelegt zu sein, und dies ist möglicherweise einer der Gründe, weshalb sie nicht zwangsläufig mit dem Artbegriff verknüpft ist.

Praktische Anwendung

Feldgänse und Meergänse

Wie die Störche verfolgen auch die Feldgänse und die Meergänse bei der Mauser eine komplexe Basisstrategie, obwohl oft vermutet wurde, dass bei bestimmten adulten Tieren eine Alternativmauser stattfindet, die einen variablen Anteil der Federn an Kopf und Hals umfasst. Bei der Altersbestimmung der Vögel hilft hier die Suche nach eventuellen Mauserkontrasten.

Altersbestimmung

Die juvenilen Feld- und Meergänse tragen bis Ende des Sommers ein einfarbiges Basiskleid und beginnen dann ihre Reifemauser meist zu Beginn des Herbstzugs oder kurz danach. Ab Oktober oder November weist eine junge Feldgans am Körper normalerweise zwei Federgenerationen auf, was häufig an den Schultern und den Flanken gut sichtbar ist. Ab Anfang des Winters ist die Reifemauser normalerweise weit fortgeschritten oder abgeschlossen, sodass es schwieriger wird, das Alter der Vögel zu bestimmen, da viele Vögel an Kopf, Hals, Brust, Oberseite und Flanken nun keine juvenilen Federn mehr aufweisen. Bei zahlreichen Arten bleibt dennoch ein Kontrast zwischen den Schulterfedern des Reifekleides (die denjenigen der Altvögel ähneln) und den immer noch juvenilen Flügeldecken. Ebenso ist manchmal ein Kontrast zwischen den adult wirkenden Flanken und dem immer noch juvenilen Bauch zu sehen. So zeigen die grauen Gänse, insbesondere Blässgans und Zwerggans, in ihrem ersten Winter keine schwarzen Querstreifen am Bauch.

Ein weiteres nützliches Unterscheidungskriterium ist die genaue Form der Schulterfedern. Im Jugendkleid sind diese schmal mit abgerundeter Spitze, meist mit undeutlich hellem Saum. Die oberen Bereiche des Gefieders weisen also ein unklares Schuppenbild auf. Im endgültigen Basiskleid (nach der zweiten Basismauser, also im Alter von etwas mehr als einem Jahr) sind die Schulterfedern wesentlich breiter, mit praktisch rechteckiger Spitze und deutlichem hellem Saum. Das Gesamtbild ergibt parallel in gleichmäßigem Abstand verlaufende, klar definierte helle Linien. Im Verlauf des ersten Winters und des darauffolgenden Frühjahrs weisen die Schulterfedern des Reifekleides eine Zwischenform auf: Sie sind etwas weniger breit und etwas runder als bei den Altvögeln und bilden einen je nach Art stärkeren oder weniger starken Kontrast zu den runden, matter gefärbten und abgenutzten Schulterfedern des Jugendkleids.

Schulterfedern von Graugänsen
Bei den Graugänsen sind die juvenilen Schulterfedern eher kurz und schmal mit abgerundeter Spitze. Die Federn der Altvögel hingegen sind lang und wie gerade abgeschnitten, was ihnen die typische Rechteckform verleiht. (Sébastien Reeber)

Blässgans, adult *(rechts)*
Die Schulterfedern entsprechen dem Alterskleid, indem die eckigen Federspitzen gleichmäßige weiße Linien bilden, die für die adulten Graugänse typisch sind.
Kalifornien, Februar © Sébastien Reeber

Europäische Blässgans, juvenil
Diese Gans trägt noch ihr Jugendkleid, was an den Federn der Flanken und an den kleinen, abgerundeten Schulterfedern erkennbar ist. Frankreich, Oktober © Aurélien Audevard

Weißwangengans, 1. Winter
Es sind sowohl juvenile Schulterfedern als auch solche des Reifekleids vorhanden, ein typisches Merkmal der Vögel in dieser Altersgruppe. Niederlande, Februar © Sébastien Reeber

Enten

Die meisten Meerenten brüten schon im Alter von einem Jahr. Ihre Reifemauser erstreckt sich bis zum Frühjahr ihres zweiten Kalenderjahrs und ist bei Beginn der ersten Alternativmauser, soweit vorhanden, noch nicht ganz abgeschlossen (das gilt insbesondere für die Meerenten der Gattung *Melanitta*). Anders stellt sich die Situation beispielsweise bei den Enten der Gattungen *Aix, Anas, Aythya* und *Netta* dar, bei denen zahlreiche Jungvögel beiderlei Geschlechts schon zu Beginn des Winters ein Kleid tragen, das demjenigen der Altvögel sehr ähnlich ist. Bei diesen Arten verläuft die Reifemauser eher schnell und betrifft einen relativ großen Teil des Gefieders, wobei manchmal (offenbar) noch eine Hilfsmauser vorausgeht. Ungeachtet der Unterschiede zwischen den Arten, den Individuen und den Populationen sowie abhängig von der geografischen Breite ihrer Winterquartiere umfasst die Reifemauser im Allgemeinen den gesamten Rumpf, mit einem häufig geringeren Anteil der Federn von Rücken, Bürzel, Unterschwanzdecken und Bauch. Häufig werden auch die Steuerfedern ersetzt. Die juvenilen Handschwingen und Armschwingen bleiben erhalten, während die Schirmfedern in unterschiedlichem Umfang ersetzt werden. Ebenso variiert die Zahl der von der Reifemauser betroffenen Flügeldecken, die aber häufig zum großen Teil ersetzt werden.

Jung oder alt

Bei der Bestimmung des Alters einer Ente ist also nach immaturen Merkmalen zu suchen, die im ersten Winter noch erhalten sind, was sich bei manchen Vögeln recht schwierig gestalten kann. Eine Untersuchung des Flügels in der Hand ermöglicht insbesondere eine genauere Prüfung der äußeren Armdecken, die häufig noch nicht ausgetauscht sind. Außerdem wird man bei der Gelegenheit die innersten Armdecken untersuchen. Auch diese werden häufig erst zuletzt ersetzt, manchmal sogar überhaupt nicht. Bei den juvenilen Tieren sind diese Federn immer schmäler, spitzer und am oberen Ende ausgefranster als bei den Altvögeln. Außerdem kann man den Zustand einiger gut sichtbarer Federn wie der Schirmfedern als Kriterium heranziehen. Die jungen Weibchen schließen ihre Reifemauser häufig mit diesen Federn ab, häufig im Januar oder Februar, also etwas später als die Männchen. Ein Weibchen, das zu diesem Zeitpunkt gerade die Schirmfedern ersetzt, ist je nach Art mit einiger Wahrscheinlichkeit ein Jungvogel, da die adulten Weibchen erst etwas später die Schirmfedern des Basiskleids gegen die des Alternativkleids (mit deutlichem Muster bei den Enten der Gattung *Anas*) tauschen.

Schnatterente, männlich
Anhand der Form der innersten Armdecken, die bei den Schnatterenten aufgrund ihrer schwarzen Farbe einfach zu lokalisieren sind (siehe Pfeil auf dem Foto), lassen sich juvenile und adulte Tiere unterscheiden, wobei diese Federn allerdings häufig von den Schulterfedern verdeckt werden. Spanien, März © Marc Duquet

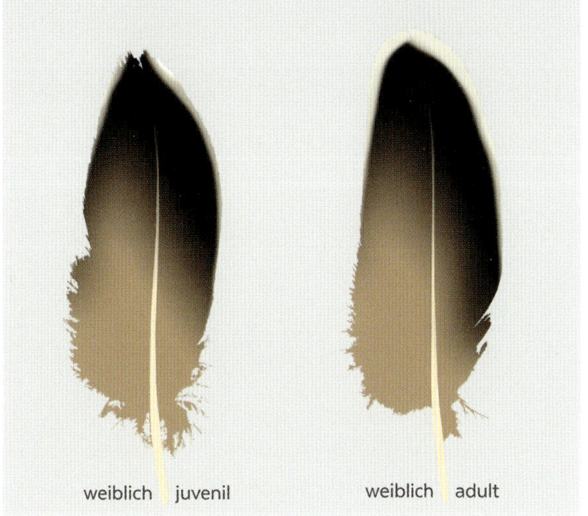

Innerste Armdecken der Reiherente
Die innersten Armdecken der juvenilen Tauchenten der Gattung *Aythya* sind schmal mit abgerundeter Spitze, abgenutzt oder ausgefranst. Bei adulten Tieren an der Spitze breit und eher rechteckig geformt und weniger abgenutzt. (Sébastien Reeber)

Innerste Armdecken der Knäkente
Bei zahlreichen Weibchen der Schwimmenten weisen die innersten Armdecken einen hellen Saum auf, der an der Spitze der juvenilen Federn unschärfer und unvollständig ist. (Sébastien Reeber)

Löffelente, männlich, 1. Winter
Der Zeitplan für die Mauser unterscheidet sich je nach Länge der Zugstrecken. Südlichere Populationen weisen bis in den März häufig ein dem Jugendkleid ähnelndes Erscheinungsbild auf, während die jungen Männchen schon ab November stark den adulten Tieren ähneln.
Spanien, Dezember © Marc Duquet

Schnatterente, juvenil
Zusätzlich zu den anderen, deutlich juvenilen Merkmalen fallen hier die sehr schmalen und spitzen innersten Armdecken auf. Außerdem ist dieser Vogel gerade dabei, die Steuerfedern zu ersetzen. New Jersey, September © Sébastien Reeber

Schnatterente, 2. Kalenderjahr
Hier sind in der vorangegangenen Mauser juvenile Federn erhalten geblieben, insbesondere eine sehr stark abgenutzte Schirmfeder. Die innersten Armdecken wurden durch große, abgerundete Federn des adulten Typs ersetzt. Spanien, März © Marc Duquet

Veilchenente, männlich, 2. Kalenderjahr
Dieses Männchen ist dabei, die Schirmfedern zu ersetzen, was im Februar ein Kennzeichen der Vögel im 2. Kalenderjahr ist, die zu diesem Zeitpunkt ihre Reifemauser abschließen. Die adulten Tiere ersetzen diese Federn manchmal im Juni, meist aber erst zwischen August und November. Kalifornien, Februar © Sébastien Reeber

Riesentafelente, weiblich, 2. Kalenderjahr
Ein Vogel im typischen Reifekleid mit neuen Deckfedern des adulten Typs; die Schirmfedern, der hintere Bereich des Körpers und der Schwanz weisen noch die bräunlichen und deutlich abgenutzten Federn des Jugendkleids auf. Kalifornien, Februar © Sébastien Reeber

Wellenläufer der *castro*-Gruppe

Auf den Azoren seit 1996 gemachte Entdeckungen haben unter Ornithologen das Verständnis der Madeira-Wellenläufer revolutioniert. Es schienen nämlich manche Vögel während der warmen Jahreszeit an denselben Stellen zu nisten, während andere dies während der kalten Jahreszeit taten. Aufgrund der völlig unterschiedlichen Zeitschemata trafen diese verschiedenen Populationen an den Nistplätzen offenbar nur für sehr kurze Zeit aufeinander.

Rätselhafte Arten

Genauere Studien haben dann allerdings morphologische, akustische und genetische Unterschiede nachgewiesen. Außerdem wurde nachgewiesen, dass zwischen den beiden Populationen kein Austausch von Individuen stattfindet. Die Fachleute haben daraus den Schluss gezogen, dass auf den Azoren abwechselnd zwei kaum voneinander zu unterscheidende Arten nisten: während der kalten Jahreszeit die Madeira-Wellenläufer *Oceanodroma castro*, während der warmen Jahreszeit dagegen die Monteiro-Wellenläufer *Oceanodroma monteiroi*.

Nachfolgend wurden dann weitere Populationen im Verbreitungsgebiet der Tiere untersucht, die man bislang als Madeira-Wellenläufer angesehen hatte. Es wurde vorgeschlagen, diejenigen Tiere, die während der kalten Jahreszeit auf den Azoren, den Berlengas, den Kanaren und Madeira sowie auf den Selvagens-Inseln nisten, Grant-Wellenläufer *O. (c.) granti* zu nennen, und den Namen *castro* nur noch für diejenigen Vögel zu verwenden, die während der warmen Jahreszeit auf den Kanaren, auf Madeira und auf den Selvagens-Inseln nisten. Es wurde noch eine vierte Population

Madeira-Wellenläufer
Zu beachten sind der rechteckige Schwanz und die Schwungfedern, die weniger schwarz sind als beim Monteiro-Wellenläufer.
Azoren, Juni © Rafael Armada

Madeira-Wellenläufer
Die schwarzen Armschwingen und die nach außen hin immer neueren Handschwingen deuten auf einen Altvogel hin.
Azoren, August © Hugo Touzé

Monteiro-Wellenläufer
Zu dieser Zeit erneuern die adulten Tiere der *castro/granti*-Gruppe die Schwungfedern. Man beachte den unregelmäßigen Schwanz. Azoren, Juni © Rafael Armada

Monteiro-Wellenläufer
Ein typisches Bild: Die Armschwingen wachsen nach, die Handschwingen sind abgenutzt bei fehlender H1.
Azoren, August © Hugo Touzé

unterschieden, die im Winter auf den Kapverdischen Inseln nistet: die Kapverdischen Wellenläufer *O. (c.) jabejabe*. Jedoch werden diese ersten Schlussfolgerungen noch diskutiert, wobei klar ist, dass die Klassifizierung dieser Gruppe nur aus einer Gesamtperspektive heraus erfolgen kann. Dies wird erst möglich sein, wenn Daten über Morphologie, Laute und Genetik zu allen Populationen dieser Arten im Atlantik und im Pazifik zur Verfügung stehen.

Bestimmung anhand der Mauser

Die Wellenläufer dieser verschiedenen Populationen weisen ein sehr ähnliches Erscheinungsbild auf, sodass sie extrem schwierig zu bestimmen sind. Da sie jedoch nicht zur selben Zeit nisten, durchlaufen sie auch die Mauser der Schwungfedern zu unterschiedlichen Zeiten. Die Beobachtung der Flügelmauser stellt damit eines der wichtigsten Kriterien bei der Unterscheidung der verschiedenen Taxa dar. Die Unterscheidung eines Jungvogels von einem adulten Vogel in neuem Gefieder ist sehr schwierig, auch wenn der adulte Vogel neuere äußere Handschwingen zeigt. Hingegen ist es möglich, die mausernden Vögel zu bestimmen: Die Vögel der Populationen, die im Sommer brüten, tauschen ihre Handschwingen zwischen August und Februar aus, während diejenigen, die im Winter brüten, ihre Handschwingen erst ab Februar erneuern.

Störche im zweiten Kalenderjahr

Die Mauserstrategie der beiden europäischen Storchenarten, Weißstorch und Schwarzstorch, stellt eine komplexe Basisstrategie dar.

Weißstorch

Beim Weißstorch beginnt die Reifemauser der juvenilen Tiere mit dem Ersetzen der Körperfedern (Dezember bis Mai), danach erfolgt der Austausch der Handschwingen und Armschwingen (vom Frühjahr bis in den darauffolgenden Winter). Die adulten Vögel durchlaufen eine Basismauser, die während der Brutsaison beginnt und für die Körperfedern im darauffolgenden Winter abgeschlossen wird, während sie sich für die Schwungfedern über mehrere Jahre hinzieht. Wie bei bestimmten großen Greifvögeln (Adlern, Fischadlern) verläuft die Mauser der Schwungfedern Feder für Feder und über einen langen Zeitraum. Das Ersetzen der Handschwingen erfolgt von innen nach außen, ausgehend von H1. Die Armschwingen werden in zwei gegenläufigen Wellen ersetzt: ausgehend von den innersten Armschwingen (A20–A22, also den den Schirmfedern entsprechenden Federn) nach außen und ausgehend von zwei Mauserzentren im äußeren Bereich des Arms (A1 beziehungsweise A5) nach innen. Dank dieses Mausertyps werden die abgenutzten Federn an verteilten Stellen abgeworfen, sodass große Löcher im Flügel vermieden werden und die Flugfähigkeit voll erhalten bleibt.

Der unterschiedliche Mauserverlauf bei jungen und adulten Störchen ermöglicht es, einen dritten Kleidertyp zu identifizieren: die Vögel im zweiten Kalenderjahr. Im Frühjahr ist das Gefieder der Vögel des Vorjahres (Vögel im zweiten Kalenderjahr) abgesehen von den Schwungfedern generell neu, während das der Altvögel abgenutzt ist. Vor allem aber sind im

Weißstörche
Alle inneren mittleren Armdecken der beiden Altvögel (links) sind weiß, während der Vogel im 2. Kalenderjahr (rechts) hier einige schwarze Federn aufweist. Frankreich, März © Fabrice Jallu

Schwarzstörche
Von links nach rechts: Jungvogel mit neuem Gefieder, Vogel im 2. Kalenderjahr mit teils juvenilen, teils adulten Federn, adulter Vogel mit abgenutztem Gefieder.
Frankreich, August © Fabrice Croset

Frühjahr noch einige der inneren, mittleren Armdecken vorhanden, die im Jugendkleid schwarz, im Alterskleid jedoch weiß sind. Diese bleiben oft bis in den Herbst des zweiten Kalenderjahrs erhalten. Das am besten sichtbare Alterskriterium beim Weißstorch ist also die Farbe der inneren, mittleren Armdecken der Flügeloberseite: Sie sind bei juvenilen Tieren vollständig schwarz, bei den adulten Tieren vollständig weiß, während die meisten Störche im zweiten Kalenderjahr hier teils weiße, teils schwarze Federn aufweisen.
Auch der Abnutzungsgrad der Schwungfedern liefert wertvolle Informationen, ist aber schwieriger zu erkennen. Sowohl bei juvenilen wie auch bei adulten Weißstörchen sind die neuen Schwungfedern schwarz mit einem Anflug von Silber auf der Außenfahne der inneren Handschwingen und aller Armschwingen. Diese Silberfärbung verschwindet jedoch schnell und die abgenutzten Schwungfedern werden zuerst mattschwarz, dann immer mehr bräunlicher: Bei den juvenilen Tieren sind also alle Schwungfedern silbrigschwarz. Bei den Vögeln im zweiten Kalenderjahr findet sich ein Mauserkontrast zwischen den nunmehr abgenutzten, braunen juvenilen Schwungfedern des Jugendkleids und den neuen, silbrigschwarzen Schwungfedern des Alterskleids. Bei den Altvögeln ist das Erscheinungsbild der Schwungfedern aufgrund der drei gleichzeitig vorhandenen Mauserzentren noch heterogener: Es gibt braune Federn (stark abgenutzt), mattschwarze Federn (wenig abgenutzt) und silbrigschwarze Federn (neu).

Schwarzstorch

Beim Schwarzstorch ist der Unterschied in der Färbung zwischen juvenilen und adulten Tieren wesentlich deutlicher als beim Weißstorch: Beim Jungvogel ist das Gefieder bräunlich schwarz, und die unbefiederten Bereiche (Beine und Schnabel) sind gelbgrün. Das Alterskleid hingegen ist glänzend schwarz mit grünlich violettem Schimmer, während die unbefiederten Bereiche leuchtend rot sind. Im Frühjahr und im Sommer ist der Schnabel der Vögel im zweiten Kalenderjahr schon rot, aber sie weisen einen Mauserkontrast auf, der sie von den adulten Tieren unterscheidet: Sie zeigen eine Mischung aus bräunlichen juvenilen Federn und den schwarzen adulten Federn mit ihrem grünvioletten Schimmer, besonders im Bereich der Flügel.

Greifvögel

Generell verfolgen die Greifvögel beim Mausern eine komplexe Basisstrategie mit einer Reifemauser (Teilmauser: Körperfedern sowie einige Flügeldecken) und danach einer jährlichen Basismauser (Vollmauser: Körperfedern, Schwungfedern, Steuerfedern). Diese Regel weist jedoch artspezifische oder geschlechtsspezifische Variationen oder sogar Variationen zwischen einzelnen Populationen auf. Die Reifemauser der Jungvögel kann sehr früh und schnell erfolgen wie beim Gleitaar. Sie kann spät (Ende des Winters) beginnen und sehr partiell sein wie bei Kornweihe und Steppenweihe. Oder sie kann sich, wie bei den großen Adlern, über mehrere Jahre erstrecken. Die Basismauser der Altvögel beginnt bei den Weibchen zum Zeitpunkt der Eiablage, bei den Männchen kurz nach der Brutsaison. Sie ist bei den kleinen Arten wie den Sperbern im Herbst abgeschlossen, zieht sich aber bei den großen Greifvögeln (Adler, Geier) über mehrere Jahre hin, vor allem an den Schwungfedern. Mit einigem Wissen über Mauserstrategien, -dauer und -verläufe lässt sich das Alter der immaturen Vögel abschätzen und gelegentlich auch das Geschlecht der Altvögel bestimmen. Folgende allgemeinen Punkte sollte man sich merken:

- Während der Brutsaison (Frühjahr–Sommer) ist ein adulter Vogel, der gerade die Schwungfedern erneuert, mit einiger Wahrscheinlichkeit eher ein Weibchen als ein Männchen.
- Gegen Ende des Sommers oder im Herbst ist ein Greifvogel, der an den Schwungfedern mausert, mindesten ein Jahr alt. Es kann kein Jungvogel sein, da bei diesem alle Schwungfedern zu derselben Generation gehören und die Flügel daher eine gleichmäßige Hinterkante aufweisen. Bei den immaturen Vögeln hingegen führt das Nebeneinander von abgenutzten juvenilen Federn und neuen Federn zu einer ungleichmäßigen Hinterkante.
- Als Altvögel mausern die großen Greifvögel fortlaufend, indem sie gleichzeitig benachbarte Federgruppen austauschen. Hierdurch verkürzt sich die Zeit, die für einen vollständigen Zyklus erforderlich ist, weshalb adulte Adler und Geier immer ein relativ neues Gefieder zu haben scheinen, während die immaturen Individuen dieser Arten sehr lange stark abgenutzte (juvenile) Schwungfedern behalten, die sich von den neuen Federn abheben.

Da die Bestimmung mancher Arten von den langen Handschwingen abhängt, muss unbedingt zuerst bestimmt werden, ob der beobachtete Vogel adult oder immatur ist: Beim Vergleichspaar Schreiadler/Schelladler beispielsweise ist bei adulten Tieren die Länge der H6 ausschlaggebend. Jedoch kann eine nachwachsende Feder bei einem immaturen Vogel kurz erscheinen und eher auf einen Schreiadler als auf einen Schelladler hindeuten. (Noch wichtiger ist das Alter im Hinblick auf die Möglichkeit von Hybriden zwischen den beiden Arten.)

Mauserverlauf bei den Schwungfedern

Das Schema für die Mauser der Handschwingen der gar nicht oder nur kurze Strecken ziehenden kleinen Greifvögel (Sperber, Weihen etc.) ist äußerst einfach: Zuerst wird die innerste Handschwinge (H1) ausgetauscht, zuletzt die äußersten Handschwinge (H10). H10 bleibt also immer am längsten als juvenile Feder erhalten. Die Mauser von Steuerfedern und Armschwingen beginnt, wenn die Mauser die Handschwingen H4–H6 erreicht hat. Die Mauser der Armschwingen geht von drei Zentren aus: Sie beginnt mit dem Auswerfen der äußersten Armschwinge (A1). Kurz darauf werden die beiden anderen Mauserzentren aktiviert: das eine an der mittleren Armschwinge A5, das andere an der innersten Armschwinge (A11 bis A13 je nach Art). Mauserrichtung ist von A1 und A5 ausgehend nach innen und bei den inneren Armschwingen nach außen. Auf diese Weise laufen die von A5 und A11 ausgehenden Mauserwellen aufeinander zu und treffen bei A8 zusammen, während sich gleichzeitig die von A1 ausgehende Mauserwelle A5 nähert. Die letzten Armschwingen, die ausgetauscht werden, sind also A4 und A8. Diese beiden Federn sind zu prüfen, um festzustellen, ob sie noch juvenil sind.

Seeadler, immatur, 2. Kleid
Dieser Vogel ist etwas über ein Jahr alt und hat mit seiner 2. Basismauser begonnen. Die ersten vier inneren Handschwingen (H1–H4) sind schon neu, die noch juvenilen Federn H5–H10 sind braun und abgenutzt. Außerdem hat schon die Mauser der Armschwingen begonnen. A1 und A5 sind neu, während alle anderen juvenil sind (brauner, länger, spitzer). Ungarn, Januar © Édouard Dansette

Seeadler, immatur, 3. Kleid
Dieser Vogel hat seine 3. Basismauser abgeschlossen. Nur H10 (und H9 am linken Flügel) sind noch juvenil, die übrigen äußeren Handschwingen (H6–H9 rechts und H6–H8 links) sind neu. H1–H5 gehören zur vorherigen Generation. Ungarn, Januar © Édouard Dansette

Bei den größeren Arten ist die Mauserstrategie für die Schwungfedern zwar grundsätzlich identisch, erscheint aber unklarer, da die Erneuerung der sehr langen Federn länger dauert (bis zu zwei Monate für die längsten Schwungfedern) und sich über mehrere Jahre erstreckt. Bei den großen Adlern, den Seeadlern und den Geiern beispielsweise können nach der vierten Basismauser bis zu vier Generationen von Schwungfedern gleichzeitig vorhanden sein, und bei den äußeren Handschwingen bleiben juvenile Federn (zumindest H10) bis zum Alter von drei Jahren erhalten. Beispiel Steinadler:

- Beim Ausfliegen (juvenil) sind alle Federn neu und juvenilen Typs.
- Nach der zweiten Basismauser (immatur, zweites Kleid, Vogel ein Jahr alt) sind noch sechs bissieben juvenile externe Handschwingen vorhanden, die inneren drei bis vier Handschwingen sind neu.
- Nach der dritten Basismauser (immatur, drittes Kleid, Vogel zwei Jahre alt) sind noch drei bis vier juvenile Handschwingen vorhanden, während drei bis vier mittlere Handschwingen (und häufig auch schon wieder H1) neu sind und die übrigen inneren Handschwingen der Generation dazwischen angehören.
- Nach der vierten Basismauser (viertes Kleid, Vogel drei Jahre alt) ist manchmal noch die juvenile H10 vorhanden, die Erneuerung der übrigen Handschwingen läuft weiter. Die drei anderen äußeren Handschwingen (H7–H9) und erneut H1 sind also neu, H2–H6 gehören der vorherigen Generation an.

Dieser Mausertyp, die **fortlaufende Mauser**, setzt sich bei den Altvögeln fort. Da bei ihnen die Federn der verschiedenen Generationen abgesehen vom Abnutzungsgrad ähnlich aussehen, ist der Prozess hier weniger deutlich als bei den immaturen Tieren.

Zwergadler, juvenil
Die neuen juvenilen Schwung- und Steuerfedern ergeben einen gleichmäßigen Umriss an Flügeln und Schwanz.
Frankreich, Oktober © Antoine Joris

Zwergadler, adult
Bei den Altvögeln sind Schwanzende und Flügelhinterkanten unregelmäßiger. Spanien, Mai © Christian Aussaguel

Ohrengeier, juvenil
Alle Schwungfedern sind noch juvenil (spitz zulaufend und dunkel), zeigen aber schon Spuren von Abnutzung.
Oman, November © Marc Duquet

Ohrengeier, subadult
Komplexes Durcheinander aus mehr oder weniger stark abgenutzten Federn, teilweise juvenil spitz. H1–H2 sind abgerundete Federn adulten Typs. Oman, November © Marc Duquet

Gleitaar: adult oder erster Winter?

Die Mauserstrategie dieses kleinen Greifvogels aus dem Mittelmeerraum ist eine komplexe Basisstrategie. Die Reifemauser verläuft als Vollmauser. Sie beginnt bezüglich der Körperfedern im Alter von drei Monaten, also sieben bis acht Wochen nach dem Ausfliegen, und rund einen Monat später bezüglich der Schwung- und Steuerfedern. Die adulten Vögel durchlaufen jährlich nach der Brutsaison eine Basismauser (Vollmauser). Wenn die Vögel dieser Art die Möglichkeit haben, ganzjährig zu brüten und mehrere Bruten aufziehen, ist der zeitliche Ablauf der Mauser variabel. Die Abnutzung des Gefieders und die frühe Reifemauser führen dazu, dass das Gefieder der Jungvögel sehr schnell dem der adulten Tiere ähnelt. Von Weitem lassen sie sich schon Ende des Sommers kaum mehr von den Altvögeln unterscheiden. Mit zunehmender Abnutzung verschwindet innerhalb weniger Wochen der für Jungvögel typische Anflug von Rostrot an Kopf und Brust und in knapp drei Monaten der weiße Saum der Federn des Mantels. Die Jungvögel im ersten Jahr ähneln den adulten Tieren sehr und unterscheiden sich im Herbst und Winter von diesen nur durch die weißen Säume an der Spitze der noch nicht erneuerten Schwungfedern, großen Armdecken und Handdecken. Diese weißen Säume bilden eine Linie oder Punktreihe in der Mitte des Flügels und sind sowohl im Flug als auch beim ruhenden Vogel gut zu sehen. Dieses unfehlbare Kriterium ist auch auf einige Entfernung oder auf guten Fotografien identifizierbar. Außerdem sind die juvenilen Steuerfedern grau mit einer bräunlichen Subterminalbinde, während der Schwanz der adulten Vögel vollständig weiß ist. Dies ist allerdings vor allem im Flug sichtbar.

Gleitaar, 1. Winter
Ein wenig Weiß ist an den Spitzen der großen Armdecken und der Handschwingen noch vorhanden.
Frankreich, Dezember © Christian Aussaguel

Gleitaar, adult
Bei den Altvögeln weisen Armdecken und Schwungfedern keinen weißen Fleck auf. Frankreich, Mai © Denis Fourcaud

Gleitaar, 1. Winter
Die weiße Punktreihe in der Mitte des Flügels entsteht durch die Spitzen der Handdecken und der großen Armdecken. Sie zeigt an, dass dieser Vogel im 1. Kalenderjahr ist. Das übrige Gefieder entspricht dem Alterskleid. Frankreich, Dezember © Christian Aussaguel

Gleitaar, adult
Ab der 2. Basismauser, welche die Vögel im Alter von einem Jahr durchlaufen, entsprechen alle Oberflügeldecken dem adulten Typ ohne weißen Fleck an der Spitze. Südafrika, Januar © Maxime Zucca

STEPPENWEIHE ODER NICHT? VORSICHT, FALLE!

Am Ende ihres 2. Kalenderjahrs mausern die männlichen Kornweihen ins grau-weiße Alterskleid. Wenn ihre Handschwingen ersetzt werden, bildet sich an der Spitze des Flügels (H5–H8) ein schwarzes Dreieck, das manchmal noch durch das Ausfallen der langen äußeren Handschwingen betont wird. Der Flügel wirkt dann extrem spitz und zeigt ein schmales schwarzes Dreieck, was aus der Entfernung zu einer Verwechslung mit der Steppenweihe führen kann. Deren Silhouette ist jedoch schlanker. (Sébastien Reeber)

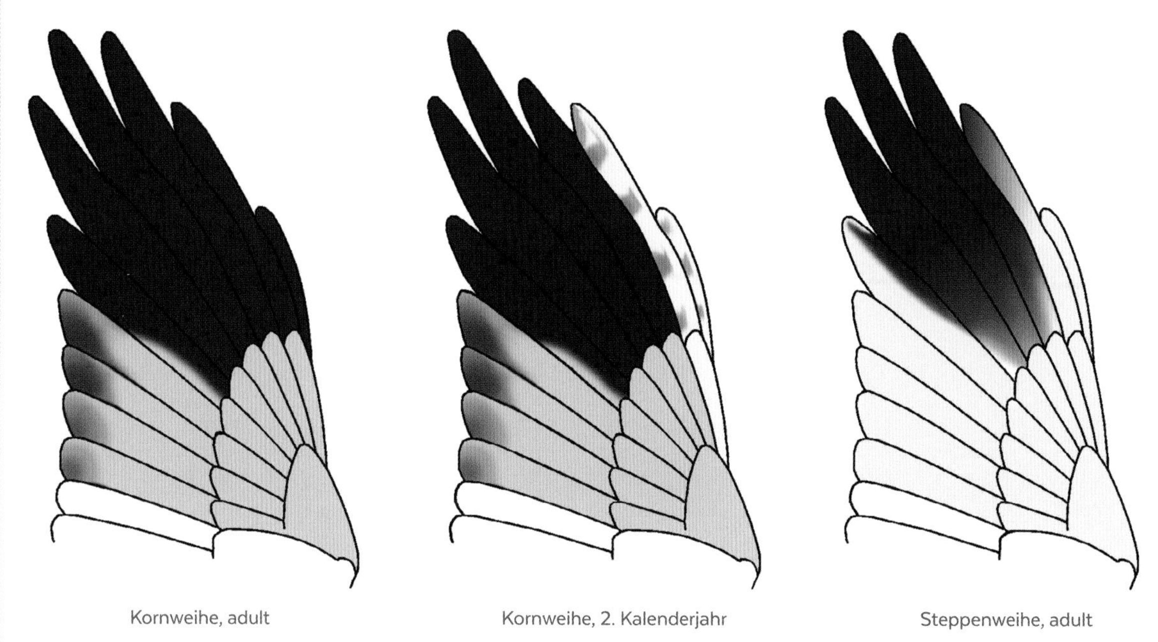

Kornweihe, adult — Kornweihe, 2. Kalenderjahr — Steppenweihe, adult

Männliche Kornweihe im zweiten Kalenderjahr

Die Mauserstrategie der Kornweihe entspricht fast der einfachen Basisstrategie. Tatsächlich findet bei den Jungvögeln im Herbst keine Reifemauser statt, anders als bei den meisten anderen Greifvögeln. Die Jungvögel erneuern nur im Laufe des Winters einige Körperfedern, um dann wie die Altvögel von April/Mai bis September/Oktober eine Basismauser zu durchlaufen. Die Jungvögel, deren Kleid dem der Weibchen sehr ähnelt (deutlich stärker, als dies bei den anderen «grauen» Weihen der Fall ist), behalten also ihr Jugendkleid bis zum späten Frühjahr ihres zweiten Kalenderjahrs. Der Mauserfortschritt liefert daher im Spätsommer (zumindest Ende August) und zu Beginn des Herbstes (manchmal bis in den Oktober) Hinweise bezüglich des Alters der Kornweihen im «weiblichen» Kleid: Vögel, die dabei sind, die Handschwingen zu ersetzen, sind adulte Weibchen oder Vögel im zweiten. Kalenderjahr, während es sich bei den Vögeln, die keinerlei Mauseranzeichen zeigen, um Jungvögel im ersten Kalenderjahr handelt.

Im zweiten Winter (und manchmal bis zum Sommer ihres dritten Kalenderjahrs) unterscheiden sich die Männchen im zweiten Kalenderjahr von den Altvögeln durch einige juvenile Handschwingen (braun und gestreift) zwischen den neuen Federn (grau) und durch braune Flecken im grauen Gefieder, vor allem im Nacken, aber auch an Brust und Bürzel.

Kornweihe, juvenil
Im Jugendkleid sind alle Federn neu. Es ist also kein Mauserkontrast erkennbar. Frankreich, November © Guy Flohart

Mäusebussard, adult
Die breite schwarze Binde an der Flügelhinterkante im Bereich der inneren Handschwingen und der Armschwingen ist typisch für die adulten Mäusebussarde und Wespenbussarde. Zu beachten ist auch die Unregelmäßigkeit der Flügelhinterkante, ein typisches Merkmal adulter Greifvögel. Frankreich, September © Christian Aussaguel

Rotschwanzbussard, 2. Kalenderjahr
Alle Federn sind noch juvenilen Typs, aber das mittlere Steuerfederpaar fehlt, ebenso die drei inneren Handschwingen. Zwei der inneren Handschwingen, H1 und H2, wachsen als Federn adulten Typs mit breiter Terminalbinde nach. Diese Merkmale zeigen an, dass der Vogel im Vorjahr geschlüpft ist und es sich um ein immatures Tier im 2. Kalenderjahr handelt. Kalifornien, Mai © Marc Duquet

Altersbestimmung bei Bussarden

Bei den adulten Bussarden der Gattung *Buteo* weisen Armschwingen und innere Handschwingen an der Spitze ein breites dunkles Feld auf, anders als die juvenilen Schwungfedern, die bis zur Spitze fein gebändert sind. Nebeneinander ausgebreitet, bilden diese Federn eine breite dunkle Binde an der Flügelhinterkante der adulten Tiere, die sich von der helleren Basis der Schwungfedern deutlich absetzt. Die Flügel der Jungvögel zeigen eine diffuse graue Binde, die keinen klaren Kontrast und keine Grenze zum Weiß der Schwungfedern bildet. Ausgehend von diesem Unterschied im Erscheinungsbild der juvenilen und der adulten Schwungfedern können bei Bussarden und Wespenbussarden drei Gefiedertypen unterschieden werden: juvenil (vor Beginn der Mauser der Handschwingen im Herbst des zweiten Kalenderjahrs), subadult (Nebeneinander von gebänderten juvenilen Federn und adulten Federn mit schwarzer Spitze bis zum Sommer des dritten Kalenderjahrs) und adult (nach dem Ersetzen aller juvenilen Schwungfedern, ab Herbst des dritten Kalenderjahrs).

Hierzu muss die Hinterkante der Flügel von unten betrachtet werden (das Merkmal ist auch von oben zu sehen, aber schlechter erkennbar, da hier der Kontrast zum braunen Rest der Schwungfedern weniger deutlich ist). Weniger einfach als die Unterscheidung von Altvogel mit schwarzer Binde an der Flügelhinterkante und Jungvogel ohne diese Binde ist die Identifikation eines subadulten Bussards im Freiland, da sein Gefieder stark dem der Altvögel ähnelt. Man wird auf Fotografien zurückgreifen müssen, um zwischen den Schwungfedern adulten Typs eventuell noch vorhandene juvenile Schwungfedern zu finden – die äußersten Handschwingen (H9–H10) und die mittleren Armschwingen (A4 oder A7–A9).

Raufußbussard, juvenil
Alle Schwungfedern (und auch die Steuerfedern) dieses Bussards sind neu und juvenilen Typs: Sie weisen keine kontrastierende dunkle Binde auf, die Flügelhinterkante ist regelmäßig. Frankreich, Oktober © Daniel Haubreux

Raufußbussard, subadult
Dieser Vogel weist ein Gefieder adulten Typs auf, aber bei aufmerksamer Betrachtung stellt man fest, dass H9–H10 noch juvenil sind, ebenso A4 und A8–A9. Sie sind kürzer und weisen keine dunkle Spitze auf. Frankreich, Februar © Vincent Palomares

Die «goldenen» Regenpfeifer

Die Gruppe der «goldenen» Regenpfeifer umfasst drei nahe verwandte Arten, die früher als eine Art aufgefasst wurden. Sie brüten in Habitaten wie wassernahen Heiden, Bergwiesen und in der Tundra in Europa und Westsibirien (Goldregenpfeifer), in Ostsibirien und dem Westen von Alaska (Tundra-Goldregenpfeifer) sowie in Nordamerika (Wanderregenpfeifer). Die drei Arten sind in allen Kleidern schwer zu unterscheiden, wobei es verschiedene Unterscheidungsmerkmale wie Silhouette, Beinlänge, relative Länge von Flügeln, Schwanz und Schirmfedern, Form und Länge des Schnabels sowie Färbung gibt. Eine genaue Beobachtung der Mauser ermöglicht es, bestimmte Merkmale besser abzuschätzen, liefert aber auch wertvolle Zusatzinformationen.

Wanderregenpfeifer, 2. Kalenderjahr
Zahlreiche Regenpfeifer im 2. Kalenderjahr durchlaufen eine begrenzte Alternativmauser und ziehen im Frühjahr in einem sehr unvollständigen «Prachtkleid».
Frankreich, April © Cédric Caïn

Mauser der «goldenen» Regenpfeifer

Diese drei Regenpfeiferarten verfolgen die gleiche komplexe Alternativstrategie wie viele andere Arten aus der Familie der Regenpfeifer. Dennoch gibt es zwischen den drei Arten deutliche Unterschiede, die mit den beim Zug zurückgelegten Distanzen und mit der geografischen Breite der Brutgebiete und Winterquartiere zu tun haben. So sind Goldregenpfeifer Kurz- und Mittelstreckenzieher, Wanderregenpfeifer Mittelstreckenzieher und Tundra-Goldregenpfeifer Langstreckenzieher.

Im Verlauf des ersten Zyklus erneuern Jungvögel, die in nördlichen Breiten überwintern, nur die Körperfedern, Schirmfedern und einen Teil der Flügeldecken, bevor der Winter eintritt (Strategie «Nordhalbkugel»). Diejenigen, die in der südlichen Hemisphäre überwintern, mausern vor dem Zug überhaupt nicht oder nur in geringem Umfang und durchlaufen stattdessen eine Vollmauser (oder annähernd eine Vollmauser) in ihren Winterquartieren, was sich dann bis zum Frühjahr hinziehen kann (Strategie «Südhalbkugel»).

Die darauffolgende Alternativmauser findet während des Zugs statt und betrifft einen unterschiedlichen Anteil der Körperfedern. Dieser ist bei den Weibchen geringer als bei den Männchen, wie die Ausdehnung der schwarzen Partien an Wangen, Kehle, Brust und Bauch sowie an Schulterfedern und Oberflügeldecken zeigt. Da die Schwarzfärbung der unteren Bereiche, insbesondere an den Flanken und den Unterschwanzdecken ein hilfreiches Merkmal für die Bestimmung der Arten im endgültigen Alternativkleid ist, ist es wichtig, auch die innerhalb der einzelnen Arten möglichen

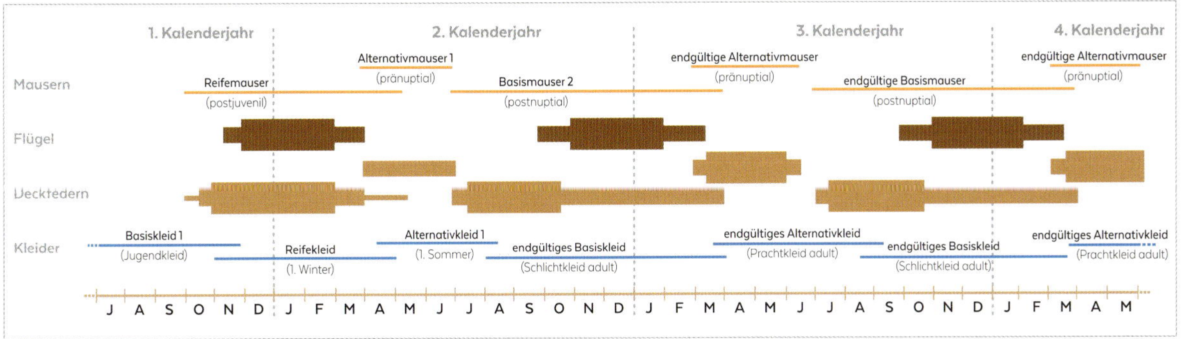

Mauserdiagramm Wanderregenpfeifer

Die Wanderregenpfeifer ziehen von allen drei Arten am weitesten. Sie brüten in der Arktis und überwintern in Südamerika. Ihre Mauserstrategie weicht von derjenigen der beiden anderen Arten etwas ab. Sie durchlaufen als Reifemauser eine Vollmauser, ersetzen die Körperfedern später im Jahr und eventuell über einen längeren Zeitraum und mausern zwischen Mitte des Herbstes und Winter an den Flügeln.

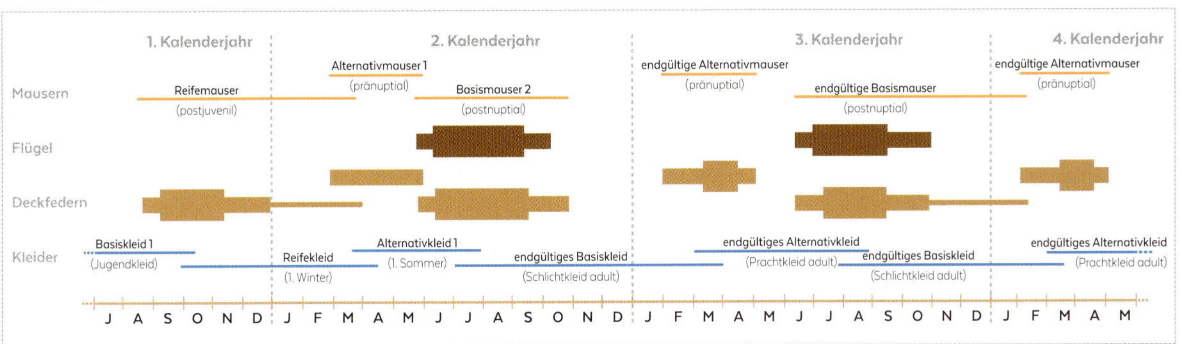

Mauserdiagramm Tundra-Goldregenpfeifer

Der Tundra-Goldregenpfeifer zieht mittellange oder lange Strecken. Seine Reifemauser findet im Herbst statt und betrifft – anders als normalerweise beim Wanderregenpfeifer – im Allgemeinen nicht die Flügel. Die Basismauser setzt nach der Brutsaison ein und wird vor Beginn des Winters abgeschlossen.

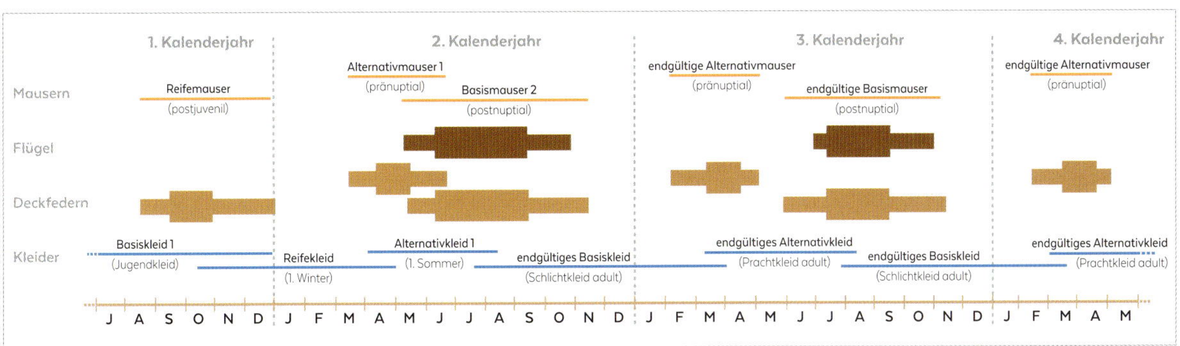

Mauserdiagramm Goldregenpfeifer

Die Mauserstrategie des Goldregenpfeifers ähnelt derjenigen des Tundra-Goldregenpfeifers und ist ebenfalls an mittellange Zugdistanzen angepasst, da die Art nur selten die Sahelzone überquert. Bei allen drei Arten ist der Zeitplan für die Alternativmauser abhängig von der Brutsaison, das heißt von der geografischen Breite der Brutgebiete.

Varianten, insbesondere der Geschlechter, im Kopf zu behalten. Diese variablen Umfänge der Alternativmauser wurden beim Goldregenpfeifer auch für unterschiedliche Populationen nachgewiesen. So unterbrechen die südlichen Populationen diese Mauser frühzeitig und entwickeln auf diese Weise ein Gefieder, das an der Oberseite weniger golden und an der Unterseite weniger schwarz ist. Bei zahlreichen Individuen, die den Sommer in den Winterquartieren verbringen, kann die erste Alternativmauser im Umfang sehr begrenzt sein (oder völlig unterbleiben?). Die Basismauser erfolgt auf die gleiche Weise wie die Reifemauser. Sie setzt früh ein, schon während der Brutsaison, und ist bei den im Norden überwinternden Arten vor dem Winter abgeschlossen. Diese Vögel erneuern einen Teil der inneren Handschwingen in den Brutgebieten. Bei den Vögeln, die im Süden überwintern, beginnt die Basismauser erst nach Ankunft in den Winterquartieren. Sie führen den Herbstzug also im Alternativkleid mit relativ stark abgenutzten Schwungfedern einer einzigen Generation durch. Bei den Vögeln im zweiten Kalenderjahr, die noch nicht brüten, und den Vögeln, deren Brut nicht erfolgreich war, setzt die Basismauser früher ein. Es wird das Vorhandensein einer Zusatzmauser der Federn an Brust und Hals während der Brutsaison diskutiert, die zu Federn führen soll, deren Färbung (manchmal) von Basiskleid und Alternativkleid abweichen würde – wobei dies nicht beweist, dass es sich nicht um Vorläufer der nachfolgenden Basismauser handelt.

Bestimmung der «goldenen» Regenpfeifer

Im Hinblick auf die Bestimmung der drei «goldenen» Regenpfeiferarten sind folgende Informationen wichtig:

- Ein «goldener» Regenpfeifer mit vollständigem Jugendkleid im September oder Oktober ist wahrscheinlich ein Wanderregenpfeifer, bei dem die Reifemauser bei Ankunft im Winterquartier einsetzt.
- Ein «goldener» Regenpfeifer gegen Ende des Winters oder im Frühjahr, dessen Schwungfedern abgenutzt sind und alle derselben Generation angehören, ist wahrscheinlich ein Goldregenpfeifer oder Tundra-Goldregenpfeifer im ersten Winter. Ein Wanderregenpfeifer, egal welchen Alters, wäre zu dieser Zeit in der Mauser oder hätte neue Flügel.
- Ein zwischen Juli und November in Europa beobachteter adulter Regenpfeifer mit vollständig neuen Flügeln, laufender Mauser oder unterbrochener Mauser, ist wahrscheinlich ein Goldregenpfeifer oder ein Tundra-Goldregenpfeifer, da adulte Wanderregenpfeifer zu dieser Jahreszeit gleichmäßig abgenutzte Flügel aufweisen.

Jedoch muss man trotzdem im Kopf behalten, dass die Mauserstrategien hier eher von den Zugdistanzen abhängen als von der Art. Offenbar sind diejenigen Tundra-Goldregenpfeifer und Regenpfeifer, die am weitesten ziehen und auf der Südhalbkugel überwintern, in der Lage, die klassische Mauserstrategie des Wanderregenpfeifers zu übernehmen.

Goldregenpfeifer, adult, im Prachtkleid
Ausdehnung und Intensität des schwarzen Bereichs an der Unterseite können zur Bestimmung der Unterart herangezogen werden, variieren jedoch auch mit dem Geschlecht und der geografischen Lage des Brutgebiets. In nördlichen Gebieten brütende Tiere mit ausgedehnterer und intensiverer Schwarzfärbung brüten später und haben Zeit für eine umfangreichere Alternativmauser. Norwegen, Juni © Sébastien Reeber

Wanderregenpfeifer, juvenil
Die Reifemauser findet vor allem im Brutgebiet statt. Individuen, die im Herbst in Europa angetroffen werden, weisen ein vollständiges Jugendkleid auf. Frankreich, Oktober © Aurélien Audevard

Tundra-Goldregenpfeifer, juvenil
Anfang November ist die Reifemauser der jungen Vögel meist schon weiter fortgeschritten als bei diesem Vogel, bei dem sie gerade erst einsetzt. Oman, November © Aurélien Audevard

Wanderregenpfeifer, adult
Die Altvögel zeigen im Herbst noch Merkmale des Prachtkleids.
Frankreich, November © Julien Gernigon

Tundra-Goldregenpfeifer, adult
Ein solches Gefieder wird erst im 2. Kalenderjahr erreicht.
Frankreich, August © Aurélien Audevard

Kleider des ersten Zyklus bei Schnepfenvögeln

Bei den Limikolen der Familie der Schnepfenvögel (*Scolopacidae*) legen die Vögel zahlreicher Arten für die Brutsaison ein Alternativkleid an, das sich mehr oder weniger stark vom Basiskleid unterscheidet. Ein Großteil dieser Arten bildet im erstem Zyklus ein dem Basiskleid ähnelndes Reifekleid aus. Die Mauserstrategie ist also in den meisten Fällen eine komplexe Alternativstrategie oder, bei einigen großen Arten, eine einfache Alternativstrategie ohne Alternativmauser im ersten Zyklus. Bei manchen Individuen von Arten mit einheitlichem Erscheinungsbild während des gesamten Jahres (Brachvögeln, Waldschnepfen) kann auch eine komplexe Basisstrategie vorliegen, was aber nicht nachgewiesen ist. Beim Kampfläufer und bei den in der Arktis brütenden «roten» Schnepfen wird eine endgültige Zusatzmauser diskutiert, aber auch hier stellt sich die Frage, ob es sich nicht um verzögerte Teile der endgültigen Alternativmauser handelt.

Sichelstrandläufer, juvenil
Der Langstreckenzieher Sichelstrandläufer verfolgt überwiegend die «Süddhalbkugelstrategie» und vollzieht seine Reifemauser spät im Winterquartier. Anders als beispielsweise beim Alpenstrandläufer tragen die Jungvögel beim Herbstzug also ein reines Jugendkleid.
Frankreich, September © Fabrice und Laurent Desage

Mauserstrategien

Der Umfang der Reifemauser ist je nach Art und vor allem abhängig von der geografischen Breite der Winterquartiere (und damit auch von der Zugdistanz) unterschiedlich. Individuen, die relativ weit nördlich überwintern, verfolgen bei der Mauser eine sogenannte «**Nordhalbkugel-Strategie**». Sie durchlaufen ein eher begrenzte Reifemauser, die meist einen Großteil der Körperfedern (geringerer Anteil im hinteren Bereich des Körpers), eine variable Anzahl der Schirmfedern und wenige oder keine Steuerfedern oder mittlere Armdecken umfasst. Diese Mauser setzt im August/September ein und ist vor Beginn des Winters abgeschlossen.
Bei den weiter im Süden überwinternden Individuen, die eine sogenannte «**Südhalbkugel-Strategie**» verfolgen, schließt die Reifemauser im Allgemeinen auch Flügeldecken, einen variablen Teil von Schirmfedern und Steuerfedern sowie einen Teil der Schwungfedern ein, oder sie kann auch ganz oder annähernd als Vollmauser stattfinden. Diese Mauser erfolgt in den Winterquartieren und erstreckt sich über einen längeren Zeitraum. Sie setzt meist nicht vor Oktober ein und ist Ende des Winters abgeschlossen. Adulte Vögel, die sehr weit im Norden brüten, beginnen an den Brutplätzen oder sogar schon beim Brüten mit ihrer Mauser. Einige unterbrechen die Mauser der Flügel während des Herbstzugs und schließen die Mauser im Winterquartier ab. Auch bei den anderen Vögeln hängt der Zeitplan für die endgültige Basismauser ebenfalls von der geografischen Breite der Überwinterungsgebiete ab: Vögel, die im Norden überwintern, mausern früher und schneller (Strategie «Nord-

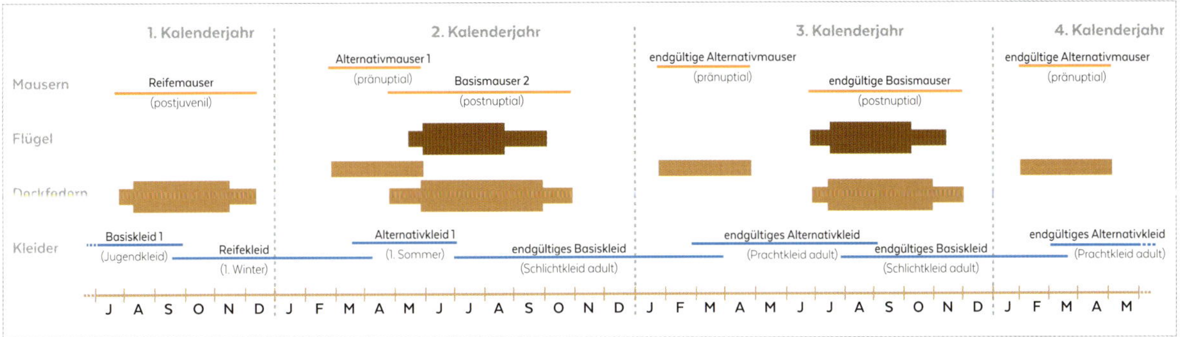

Mauserstrategie «Nordhalbkugel»
Nach dieser Strategie mausern die Vögel, die in nördlichen Gebieten überwintern. Ihre Zugstrecken sind kürzer, aber die klimatischen Bedingungen während des Winters härter. Reifemauser und Basismausern sind deswegen früher abgeschlossen, vor Beginn des Winters.

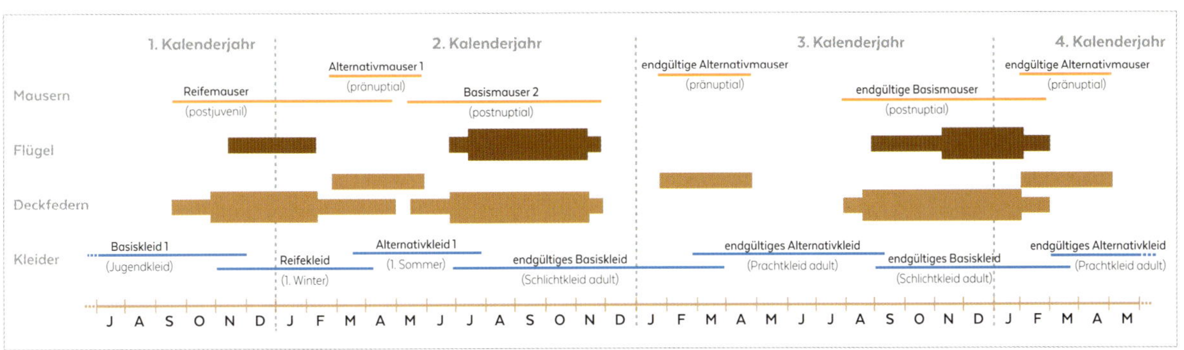

Mauserstrategie «Südhalbkugel»
Bei dieser Strategie werden Reifemauser und Basismausern weiter in Richtung Winter verschoben. Die Reifemauser ist umfangreicher und schließt insbesondere zumindest einen Teil der Schwungfedern oder sogar alle Schwungfedern ein.

halbkugel») als Vögel, die in südlichen Gebieten überwintern (Strategie «Südhalbkugel»). Jedoch sind diese beiden Strategien nicht völlig scharf voneinander getrennt. So stellt die Mauserstrategie mancher Populationen, die mittellange Strecken zurücklegen, eine Mischform dar. Außerdem kommen bei Arten, deren Winterquartiere sich über ein weites Gebiet nördlich und südlich des Äquators erstrecken, je nach Population beide Mauserstrategien wie auch alle Mischformen vor. Dennoch ist dieses Schema bei vielen anderen Arten deutlich ausgeprägt und erkennbar.

Umfang der Teilmausern des ersten Zyklus

Die endgültige Alternativmauser umfasst meist einen variablen Anteil der Körperfedern und der Flügeldecken sowie häufig die Schirmfedern, manchmal die Steuerfedern und selten die Armschwingen. Im ersten Zyklus ist der Umfang dieser Mauser jedoch sehr unterschiedlich. Bei manchen Arten (Brachvögeln, Uferschnepfen, Pfuhlschnepfen), die im zweiten Kalenderjahr nicht brüten, kann sie vollständig unterbleiben. Weiter gibt es zahlreiche Arten, bei denen ein Teil der Vögel in diesem Alter in den Winterquartieren bleibt, während andere zusammen mit den Altvögeln im Frühjahr nach Norden ziehen. Manche unterbrechen den Zug unterwegs, andere fliegen bis in die Brutgebiete und versuchen zu brüten. Häufig durchlaufen die Vögel, die das Frühjahr ihres zweiten Kalenderjahrs im Süden verbringen, maximal eine begrenzte Alternativmauser, während diejenigen, die nach Norden ziehen, eine Alternativmauser durchführen, die der entsprechenden Mauser der Altvögel ähnelt. Bemerkenswert ist hierbei auch, dass sich die Zahl der Jungvögel, die sich zu den Brutgebieten begibt, offenbar umgekehrt proportional zur Zugdistanz verhält. Außerdem wurde für mehrere Arten behauptet, dass Alternativmauser und Reifemauser umso umfangreicher seien, je besser der körperliche Fitnesszustand des einzelnen Vogels sei. Dies würde dazu führen, dass günstige Umgebungsbedingungen (Nahrungsangebot, Ruhe, Witterung etc.) eine im Durchschnitt umfangreichere Mauser ermöglichen würden und dass mehr Jungvögel im darauffolgenden Frühjahr nach Norden ziehen würden, um einen Brutversuch zu unternehmen.

Altersbestimmung bei Schnepfenvögeln

- **Herbst und Winter**: Bis in den September oder Oktober weisen die meisten Jungvögel noch deutliche Zeiten des Jugendkleids auf, insbesondere die Langstreckenzieher («Südhalbkugel-Strategie»), die dieses Gefieder erst spät im Herbst bei Ankunft im Winterquartier ersetzen. Die im Herbst und Winter ausgebildeten Federn des Reifekleids sind häufig (weitgehend) mit denen des Alterskleids identisch. Man muss also nach Kontrasten zwischen juvenilen Federn und Federn des Reifekleids suchen.

  Relativ einfach ist dies bei den Vögeln mit «Nordhalbkugelstrategie», da sie eine früh einsetzende Reifemauser begrenzten Umfangs vollziehen, bei der einige Flügeldecken übergangen werden. Der Kontrast zwischen den Schulterfedern des Reifekleides und den noch juvenilen Flügeldecken ist häufig gut zu erkennen. Adulte Tiere hingegen haben bei der Basismauser alle Federn ersetzt, sodass alle Federn derselben Generation angehören.

  Schwieriger ist es bei den Vögeln mit «Südhalbkugel-Strategie», wenn die Reifemauser erst einmal abgeschlossen ist. Viele von ihnen haben auch die Flügeldecken erneuert, und man muss einen Mauserkontrast bei den Schwungfedern, Steuerfedern oder Schirmfedern suchen. Da ein Teil dieser Vögel bei der Reifemauser aber alle Federn erneuert, ist es nicht möglich, allein anhand des Gefieders die Altvögel zu identifizieren.
- **Frühjahr**: Zunächst sind die großen Arten, die erst im Alter von zwei Jahren brüten, separat zu betrachten. Die eventuell stattfindende erste Alternativmauser führt zu einem Gefieder, dessen Immaturität häufig recht leicht zu erkennen ist, da sein Erscheinungsbild zwischen dem der Vögel

VERIRRTE NEARKTISCHE SCHNEPFENVÖGEL UND MAUSERSTRATEGIE

Die Häufigkeit, mit der nearktische Schnepfenvögel in Europa auftauchen, könnte sich teilweise aus ihren langen Zugdistanzen und aus der von ihnen verfolgten Mauserstrategie erklären lassen. So verfolgen mit Ausnahme des Großen Schlammläufers alle nearktischen Schnepfenvögel, die sich regelmäßig in Europa zeigen, zumindest teilweise die «Südhalbkugel-Strategie». Von den 55 zu den nearktischen Schnepfenvögeln gehörenden Arten verfolgen nur 7 Arten ausschließlich diese Mauserstrategie, darunter der Wanderregenpfeifer, der Graubruststrandläufer, der Grasläufer, der Weißbürzelstrandläufer und der Bairdstrandläufer. also genau die nearktischen Arten, die am häufigsten in Europa zu finden sind!

Weißbürzelstrandläufer, adult

Frankreich, August © Fabrice Jallu

Grünschenkel
Beim Frühjahrszug tragen manche Grünschenkel im 2. Kalenderjahr ein Kleid, das dem endgültigen Alternativkleid (adultes Prachtkleid) sehr ähnelt, während andere zahlreiche juvenile Federn behalten und leicht zu unterscheiden sind. Unabhängig vom Kleid, das die Körperfedern aufweisen, deuten sehr stark abgenutzte Handschwingen mit starkem Mauserkontrast oder mausernde Handschwingen im Mai auf einen Vogel im 2. Kalenderjahr hin. Frankreich, April © Aurélien Audevard (1) und Mai © Édouard Dansette (2)

im ersten Winterkleid und dem der adulten Brutvögel liegt. Dies gilt umso mehr, als diese Vögel den Sommer südlich des Brutgebiets verbringen und viele von ihnen das gesamte Frühjahr im Reifekleid oder gar im dann sehr abgenutzten Jugendkleid verbringen.

Bei den übrigen Arten wird man die gleichen Kontraste wie im Winter suchen, diesmal jedoch zwischen sehr abgenutzten juvenilen Federn und neuen Federn des ersten Alternativkleids, da bei der ersten Alternativmauser an den Flügeln meist nicht mehr Federn erneuert werden als bei der Reifemauser. Bei aufmerksamer Beobachtung wird man häufig auch Federn des Reifekleids bemerken, also das gleichzeitige Vorhandensein von Federn aus drei Generationen. Die Unterscheidung von Jungvögeln und Altvögeln ist leider häufig schwieriger als im Winter, da die endgültige Alternativmauser nicht unbedingt auch die Flügeldecken mit einschließt. Ein Kontrast zwischen Schulterfedern und Flügeldecken besteht also sowohl bei den Altvögeln als auch bei den Jungvögeln nach der Reifemauser. Bei einer Reifemauser geringeren Umfangs bleiben die Flügeldecken zum großen Teil juvenil und sind neben den Schulterfedern des Alternativkleids leicht zu erkennen. Ist die Reifemauser jedoch umfangreicher oder verläuft sie gar als Vollmauser, sind die Flügel im Reifekleid nicht vom Basiskleid der Altvögel zu unterscheiden, sodass sich das Alter des Vogels nicht bestimmen lässt.

- **Sommer**: Ein letztes nützliches Hilfsmittel für die Altersbestimmung ist der Termin für die Mauser der immaturen Vögel, die ihre zweite Basismauser einen oder zwei Monate vor denjenigen Individuen durchführen, die einen Brutversuch unternommen haben.

Auch beginnt die zweite Basismauser bei den immaturen Vögeln häufig einen oder zwei Monate vor der Basismauser der Altvögel. Daher wechseln viele Vögel, die den Sommer südlich der Brutgebiete verbringen, von einem Schlichtkleid oder unvollständigen Prachtkleid in ein neues Schlichtkleid.

Kleiner Schlammläufer, 2. Kalenderjahr
Dieser Kleine Schlammläufer trägt ein Reifekleid, das stark dem endgültigen Basiskleid ähnelt, jedoch sind noch einige sehr verschlissene juvenile Schulterfedern sichtbar. Altvögel sind zu diesem Zeitpunkt schon deutlich rot gefärbt. Texas, April © Sébastien Reeber

Knutt, 2. Kalenderjahr
Viele Schnepfenvögel, die im 2. Kalenderjahr noch nicht brüten, bleiben im Winterquartier und durchlaufen eine Alternativmauser begrenzten Umfangs. Dieser Vogel zeigt eine Mischung aus juvenilen Federn und Federn des Reifekleids ohne Spuren des Prachtkleids.
Texas, April © Sébastien Reeber

Alpenstrandläufer, 2. Kalenderjahr
Ein typischer Vogel für dieses Alter mit sehr abgenutzten juvenilen Flügeldecken (1) und Schirmfedern, grauen, wenig abgenutzten Schulterfedern des Reifekleids (2) des adulten Basistyps und neuen roten Schulterfedern des adulten Alternativtyps (3).
Texas, April © Sébastien Reeber

Grasläufer, adult
Dieser adulte Vogel weist eine Mischung aus Schulterfedern des Basiskleids und solchen des Alternativkleids (schwarz) auf. Die Grasläufer-Jungvögel durchlaufen häufig eine Vollmauser als Reifemauser und können schon nach dem 1. Winter nicht mehr von den Altvögeln unterschieden werden. Frankreich, August © Aurélien Audevard

Die «kleinen» Strandläufer

Die Identifizierung der «kleinen» Strandläufer mit dunklen Beinen (Zwergstrandläufer, Rotkehlstrandläufer, Sandstrandläufer, Bergstrandläufer) ist besonders schwierig. Die vier Arten sind regelmäßig oder zumindest gelegentlich als Besucher sowohl in Europa und Asien als auch in Nordamerika zu sehen. Die Unterscheidung der vier Arten erfolgt insbesondere anhand von sichtbaren Merkmalen der unbefiederten Bereiche (Schwimmhäute, Schnabelform und -länge, Länge des sichtbaren Bereichs des Schnabelwinkels) und von Merkmalen der Silhouette (relative Länge der Beine und der Flügel, Größe). Ausschlaggebend bleiben jedoch die Gefiedermerkmale, da die Merkmale der unbefiederten Bereiche meist besonders gute Beobachtungsbedingungen voraussetzen. Natürlich ist das typische Jugendkleid bei allen vier Arten verhältnismäßig einfach gestaltet: mit doppeltem weißem Augenstreif und weißen Längsstreifen auf dem Rücken oder ohne diese Merkmale. Ebenso weist das Prachtkleid der Altvögel an Kopf, Brust beziehungsweise Flanken eine typische Färbung auf. Das Problem besteht darin, dass die Bestimmung in den anderen Kleidern komplizierter ist und man außerdem erst einmal erkennen muss, um welches Kleid es sich handelt!

Die Mauser der «kleinen» Strandläufer

Alle vier Arten verfolgen eine komplexe Alternativstrategie mit zwei Kleidern im Jahr bei den adulten Tieren und drei Kleidern im ersten Lebensjahr. In Europa führen die adulten und juvenilen Zwergstrandläufer während des Herbstzugs (September/Oktober) eine Mauser der Körperfedern durch, während bei den Vögeln im ersten Kalenderjahr häufig die zweite Basismauser Mitte August schon recht fortgeschritten ist. Diese Vögel sind also verhältnismäßig blass gefärbt, was an einen Sandstrandläufer denken lassen könnte, zumal das dichtere und dickere Basiskleid dem Vogel eine rundere Silhouette verleihen kann. In den späteren Monaten des Jahres bereitet zweifellos die Unterscheidung von Reifekleid und Basiskleid aufgrund ihrer großen Ähnlichkeit am meisten Probleme.

Bestimmungsmerkmale

Die Schulterfedern können bei der Bestimmung helfen, wenn man weiß, dass bei Bergstrandläufern und Sandstrandläufern diese Federn grau sind. Nur der Schaft ist schwarz und hebt sich deutlich ab. Beim Zwergstrandläufer weisen die Schulterfedern in der Mitte um den Schaft einen dunklen Bereich in Form eines schmalen Pfeils auf. Dieses dunkle Muster ist bei den Jungvögeln besonders deutlich ausgeprägt. Auch hier ist es nützlich, das Alter des Vogels zu kennen. Daher ist zu prüfen, ob ein Mauserkontrast zwischen Schulterfedern aus der Reifemauser und juvenilen Oberflügeldecken vorhanden ist. Auch eine Beobachtung des geöffneten Flügels ist hilfreich: Nur im Reifekleid weisen die Oberflügeldecken (zumindest einige) einen deutlichen Saum in warmen Farben auf.

Immer hilfreich ist es außerdem, die zeitlichen Unterschiede im Mauserschema der Arten zu berücksichtigen. Ein junger Bergstrandläufer mit seiner Nordhalbkugel-Strategie zeigt im Oktober meist eine schon sehr weit fortgeschrittene Reifemauser, was ihn wie einen Altvogel im Basiskleid erscheinen lässt, während ein junger Sandstrandläufer zu dieser Zeit noch fast ausschließlich das Jugendkleid trägt. Da Letzterer weiter südlich überwintert, wird er im Winterquartier eine umfangreiche Reifemauser durchlaufen, die bei einem Teil dieser Vögel auch die Schwungfedern einschließt.

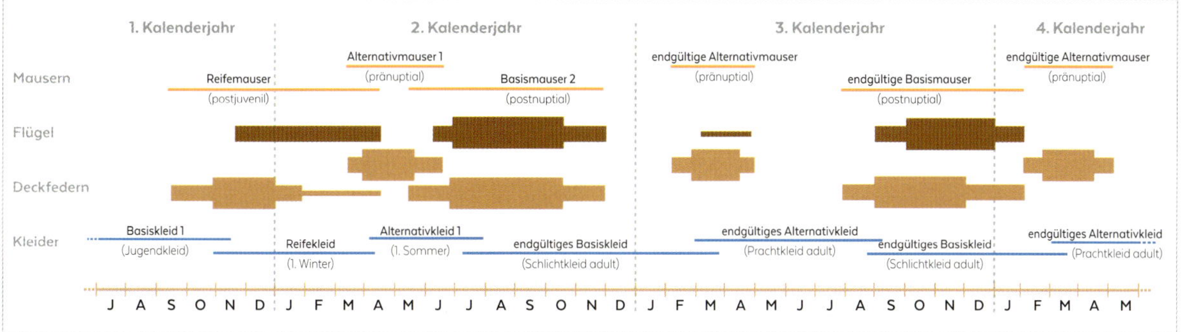

Mauserdiagramm Sandstrandläufer
Die meisten Sandstrandläufer mausern nach der «Südhalbkugel-Strategie». Ihre Reifemauser setzt spät ein und findet im Allgemeinen im Winterquartier statt. Sie ist eher umfangreich und schließt bei fast der Hälfte der Tiere vor allem auch die Handschwingen ein. Auch die endgültige Basismauser findet spät statt.

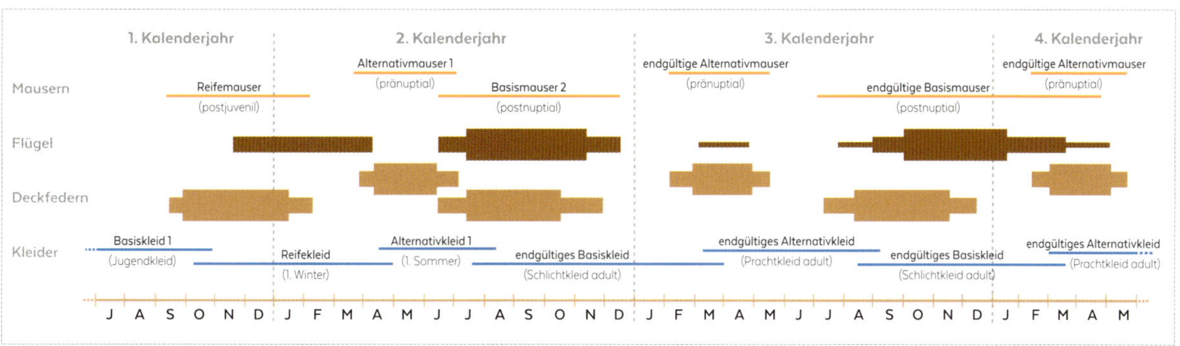

Mauserdiagramm Zwergstrandläufer
Der Zwergstrandläufer kann je nach Überwinterungsgebiet nach beiden Strategien mausern, «Nordhalbkugel» oder «Südhalbkugel». Viele der Vögel, die in Afrika überwintern, mausern nach demselben Schema wie der Strandläufer, während diejenigen, die in Europa überwintern, der Nordhalbkugel-Strategie folgen.

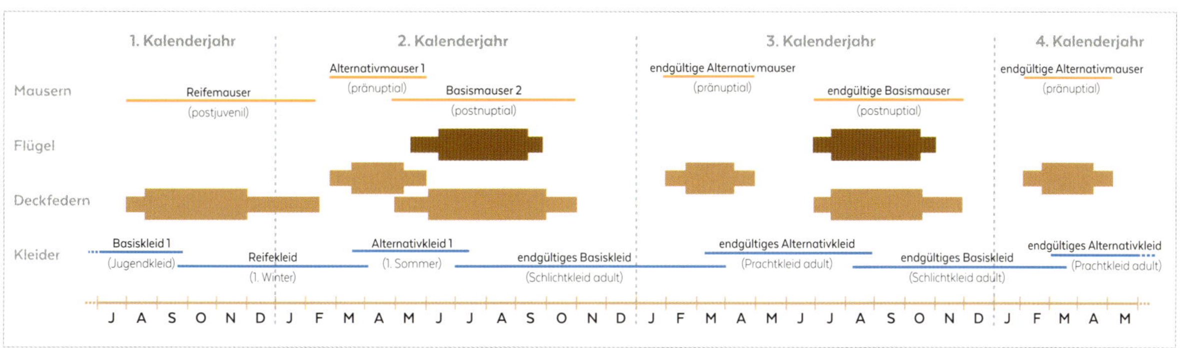

Mauserdiagramm Bergstrandläufer
Das Überwinterungsgebiet des Bergstrandläufers liegt weiter nördlich als das des Sandstrandläufers. Seine Mauserstrategie entspricht also dem Typ «Nordhalbkugel» mit früher Reife- und Basismauser, wobei die Reifemauser weniger umfangreich ist und normalerweise nicht die Flügel mit einschließt.

Bergstrandläufer, adult
Ein Strandläufer im Basiskleid Anfang Oktober in Nordamerika ist mit einiger Wahrscheinlichkeit ein Bergstrandläufer, eventuell sogar ein Vogel im 2. Kalenderjahr, der seine Basismauser früher als die Altvögel vollzieht. New Jersey, Oktober © Sébastien Reeber

Bergstrandläufer, juvenil
Zwar ist die Mauser bei diesem jungen Bergstrandläufer noch nicht sehr weit fortgeschritten, aber er zeigt Anfang Oktober schon deutliche Merkmale des Reifekleids, was bei einem Sandstrandläufer sehr erstaunlich wäre. New Jersey, Oktober © Sébastien Reeber

Zwergstrandläufer, adult
Bei den in Europa überwinternden Jungvögeln verläuft die Reifemauser im Allgemeinen als Teilmauser. Sie zeigen daher einen Mauserkontrast zwischen abgenutzten Armdecken und neuen Schulterfedern, was hier nicht der Fall ist. Frankreich, Februar © Aurélien Audevard

Sandstrandläufer, juvenil
Im Allgemeinen tragen junge Sandstrandläufer Anfang Oktober noch ein vollständiges Jugendkleid, während bei den meisten Bergstrandläufern und einem Teil der Zwergstrandläufer schon längst die Reifemauser eingesetzt hat. Frankreich, Oktober © Fabrice Jallu

Großmöwen

Die nachfolgenden Ausführungen beziehen sich auf die großen Möwen mit weißem Kopf, genauer gesagt, auf die zum Formenkreis *Larus argentatus* – *Larus cachinnans* – *Larus fuscus* gehörenden Möwenpopulationen, bei denen die taxonomischen Verhältnisse noch nicht abschließend geklärt sind. Diese Arten brüten meist erst ab dem vierten bis sechsten Lebensjahr und durchlaufen jährlich eine Vollmauser und eine Teilmauser. Bei den meisten dieser Arten, insbesondere den größten, findet im ersten Zyklus nur eine Teilmauser statt, wobei nicht ganz klar ist, ob es sich um die Reifemauser handelt oder um eine erste Alternativmauser, die dann stark begrenzt oder schon fast gar nicht vorhanden wäre. Diese Mauser scheint mehr Ähnlichkeit mit einer Alternativmauser zu haben, weshalb sie generell auch als Alternativmauser und nicht als Reifemauser betrachtet wird. Unabhängig davon durchlaufen die kleinen Möwenarten im ersten Zyklus zwei Mausern.

Die Mauser bei den Jungvögeln

Im Hinblick auf die Bestimmung muss man im Kopf behalten, dass diese Mausern zeitlich sehr ausgedehnt sind und sich sogar überlappen, sodass eine Möwe, insbesondere in jungem Alter, einen großen Teil des Jahres in der Mauser ist. Wie wir im Abschnitt «Mauser und Gefiederfärbung» gesehen haben, sind Farbe und Form der Federn nicht zwangsläufig mit einer bestimmen Mauser verknüpft, sondern

Heringsmöwe *(Larus fuscus)*, 1. Winter
Wie die anderen nördlichen Taxa tragen die Tiere im 1. Winter bei Ankunft in den Winterquartieren noch ein vollständiges Jugendkleid. Bei dem hier abgebildeten Vogel ist es noch nicht einmal abgenutzt. Oman, November © Marc Duquet

variieren abhängig vom Hormonspiegel, weshalb in einer Schar junger Möwen keine zwei Tiere gleich sind. Insgesamt betrachtet, ist diese erste Teilmauser bei den südlicheren (und sesshafteren) Populationen umfangreicher als bei den nördlicheren Arten, möglicherweise einfach deshalb, weil die nördlicheren Arten später im Jahr schlüpfen und früher dem Winter ausweichen müssen.

Bei den nordamerikanischen Möwen kann der Umfang dieser Mauser von «fast Vollmauser» bei einigen Vögeln in Mexiko bis «praktisch nicht vorhanden» bei den arktischen Individuen reichen. Jedoch gilt dies nicht für die Mittelmeermöwen der Unterart *L. atlantis*, die südlichsten Möwen der Gruppe, bei denen zahlreiche Jungvögel diese Mauser offenbar überspringen und über ein Jahr lang das Jugendkleid beibehalten.

Was den Zeitplan betrifft, verhält es sich ähnlich wie bei anderen Vogelgruppen: Die Jungvögel der in südlichen Gebieten brütenden, kurze Strecken ziehenden Populationen (*L. argenteus, L. michahellis, L. armenicus, L. cachinnans* etc.) vollziehen ihre erste Alternativmauser früher im Jahr, zwischen Juli und Oktober. Umgekehrt setzt diese Mauser bei den nördlichsten Populationen der Unterarten *L. argentatus* und *L. smithsonianus* sowie *L. heuglini* oder *L. vegae* erst im Spätherbst oder gar mitten im Winter in den Winterquartieren ein. Ein Vogel, der zwischen Oktober und Februar ein vollständiges Jugendkleid trägt, ist also mit einiger Wahrscheinlichkeit in einem sehr weit nördlich gelegenen Gebiet geschlüpft.

Mittelmeermöwe *(Larus michahellis)*, 1. Winter
Bei den südlicheren Taxa schlüpfen die Vögel im 1. Winter früher und sind länger der Sonne ausgesetzt, sodass ihre Flügel im Dezember sichtbar abgenutzter sind. Der Kontrast zum neuen Gefieder auf dem vorherigen Bild ist deutlich. Frankreich, Dezember © Aurélien Audevard

Amerikanische Silbermöwe *(Larus smithsonianus)*, 1. Winter
Wie bei der Silbermöwe (*Larus argentatus* subsp. *argentatus*) variiert das Zeitschema bei der Amerikanischen Silbermöwe *(Larus smithsonianus)* zwischen nördlicher und südlicher brütenden Populationen. Dieser Vogel trägt ein weitgehend juveniles Gefieder, jedoch sind einige neue Schulterfedern sichtbar. New Jersey, Oktober © Sébastien Reeber

Thayermöwe *(Larus thayeri)*, 1. Winter
Wie die Polarmöwen *(Larus glaucoides)* mit ihren Unterarten *L. g.* subsp. *glaucoides* und *L. g.* subsp. *kumlieni* vollzieht auch die Thayermöwe eine sehr späte 1. Alternativmauser von sehr begrenztem Umfang. Dieses Individuum trägt noch im Februar ein weitgehend juveniles Gefieder. Kalifornien, Februar © Sébastien Reeber

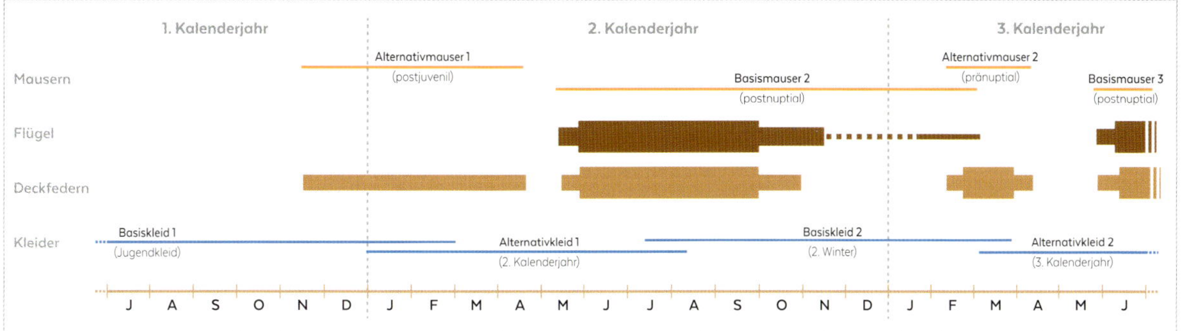

Mauserdiagramm Ostsibirienmöwe *(Larus vegae)*
Ein typisches Schema für alle weit im Norden oder in der Arktis brütenden Großmöwen. Die Möwen durchlaufen im Laufe des Winters oder sogar erst im Februar eine 1. Alternativmauser (oder Reifemauser, siehe Text). Diese Mauser umfasst nur einen geringeren Teil des Gefieders oder unterbleibt manchmal sogar ganz.

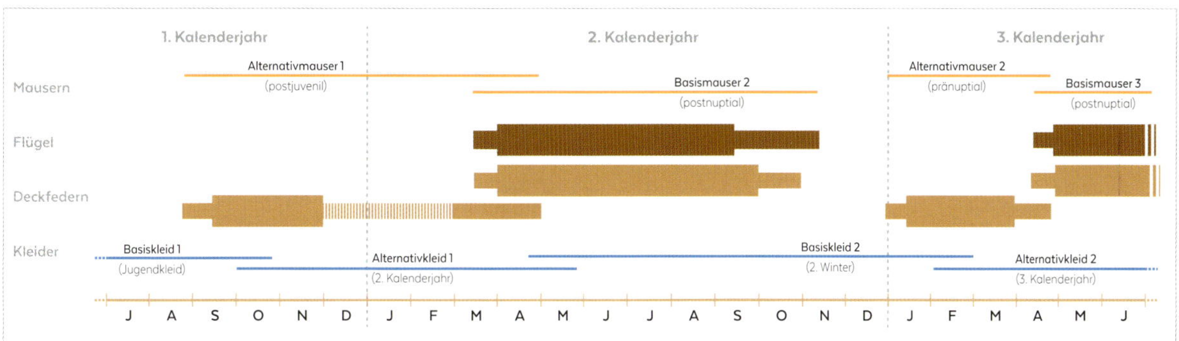

Mauserdiagramm Silbermöwe (*Larus argentatus* subsp. *argentatus*)
Die Silbermöwe der Unterart *L. argentatus* nimmt eine für die Vögel Nordeuropas typische Zwischenstellung ein. Diese beginnen im Herbst mit ihrer 1. Alternativmauser (oder mit der Reifemauser, siehe Text) und unterbrechen sie eventuell während des Zugs beziehungsweise der kältesten Wintermonate, um sie dann im darauffolgenden Frühjahr abzuschließen.

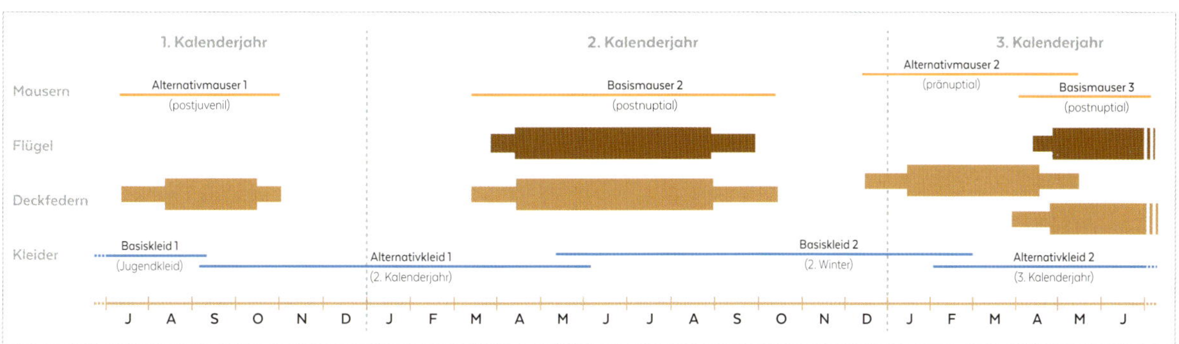

Mauserdiagramm Mittelmeermöwe *(Larus michahellis)*
Wie die Mittelmeermöwe vollziehen auch die südlichen Taxa ihre 1. Alternativmauser (oder Reifemauser, siehe Text) im Spätsommer und Herbst, wobei diese Mauser häufig sehr umfangreich verläuft. Die Jungvögel im 1. Kalenderjahr haben also schon zu Beginn des Winters einen Teil ihres Jugendgefieders ersetzt, insbesondere im Bereich des Mantels und der Schultern.

Mauser bei den Altvögeln

Bei den Altvögeln setzt die Mauser an den Flügeln oft während des Brütens ein, zunächst an den inneren Handschwingen. Sie wird während der Aufzucht der Jungen unterbrochen und danach fortgesetzt. Auch hier wird das Zeitschema von der geografischen Breite des Brutgebiets und den Zugdistanzen beeinflusst. Die südlichen Populationen vollziehen ihre Basismauser zwischen Mai und November. Bei den am südlichsten brütenden Tieren wie *L. argenteus, L. michahellis, L. atlantis* oder auch *L. cachinnans* ist die Flügelmauser schon im September oder Oktober abgeschlossen. Die weiter nördlich brütenden Tiere unterbrechen die Mauser der Handschwingen, um ins Winterquartier zu ziehen, und schließen sie erst im Dezember oder Januar ab (*L. argentatus, L. smithsonianus, L. vegae, L. barabensis* etc.) oder aber sogar erst zwischen Januar und April wie bei *L. heuglini.*

Die endgültige Alternativmauser setzt im Allgemeinen im Herbst ein, also oftmals noch vor Abschluss der Basismauser. Sie verläuft als Teilmauser und führt bei vielen Großmöwen zu einem makellos weißen Kopfgefieder anstelle des typischen melierten Erscheinungsbilds im Winter mit seinen Flecken und Strichelungen. Auch hier hängt das Zeitschema mit der geografischen Breite der Brutgebiete zusammen. So erlangen bei den Silbermöwen die südlichen Populationen schon Ende Dezember einen weißen Kopf, während die nördlichen Populationen, die diese Mauser während der kältesten Monate häufig unterbrechen, bis ins Frühjahr dunkle Spuren aufweisen.

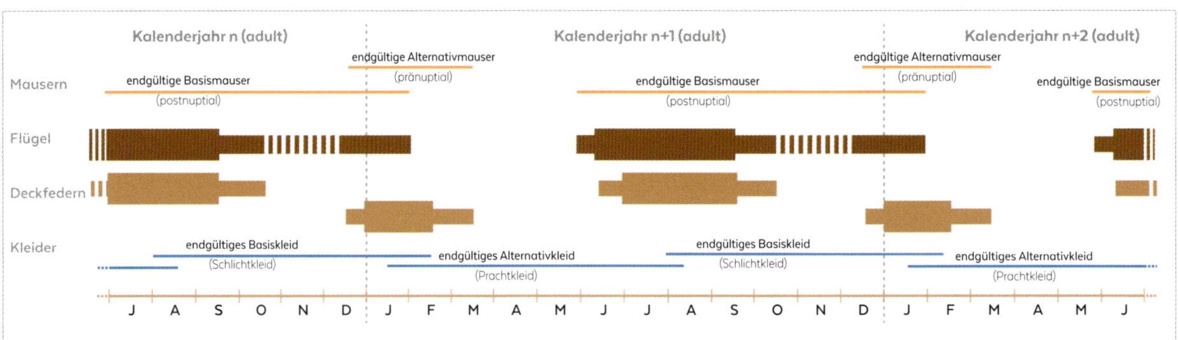

Mauserdiagramm Steppenmöwe *(Larus barabensis)*, adult
Bei vielen nördlichen Populationen der Großmöwen setzt die Mauser an den Flügeln während der Brutsaison ein. Sie wird dann während des Herbstzugs unterbrochen und in den Winterquartieren abgeschlossen.

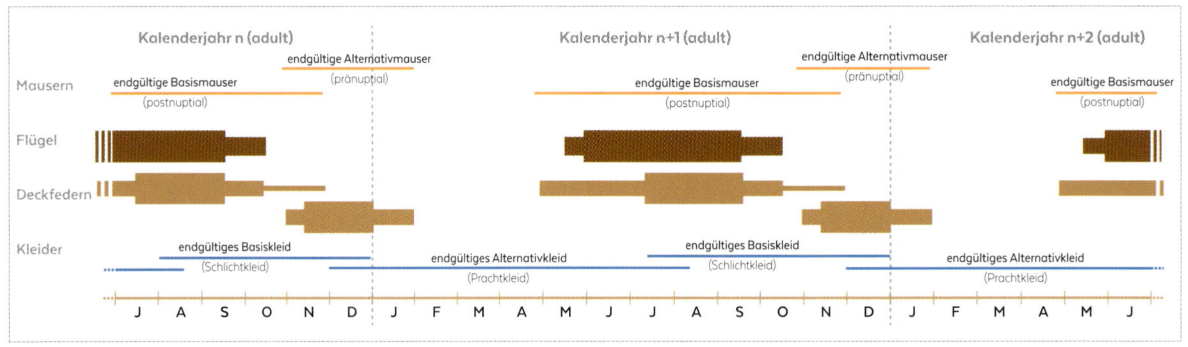

Mauserdiagramm Steppenmöwe *(Larus cachinnans)*, adult
Die südlichen Populationen haben ihre Basismauser (Vollmauser) vor Beginn des Winters abgeschlossen, wie hier manchmal schon mitten im Herbst. Die endgültige Alternativmauser, die dem Kopf seine reinweiße Farbe verleiht, findet ebenfalls sehr früh statt.

Amerikanische Silbermöwe *(Larus smithsonianus)*
Wie bei den europäischen Formen der Silbermöwe variiert das Zeitschema für die Mauser der Handschwingen bei der Amerikanischen Silbermöwe abhängig von der geografischen Breite der Brutgebiete. Hier sind die beiden längsten Handschwingen sichtbar abgenutzt. New Jersey, Oktober © Sébastien Reeber

Steppenmöwe *(Larus barabensis)*, adult
An einem Strand in Oman im November lässt sich die Steppenmöwe (*Larus barabensis*) leicht von der weiter südlicher brütenden und nahe verwandten anderen Steppenmöwe (*Larus cachinnans*) unterscheiden, da die äußeren Handschwingen der erstgenannten Art noch nicht ersetzt wurden und daher sehr abgenutzt sind. Oman, Oktober © Aurélien Audevard

Seeschwalben

Generell mausern die holarktischen Seeschwalben nach einer komplexen Alternativstrategie. Bei Raubseeschwalbe und Lachseeschwalbe ist die erste Alternativmauser von sehr begrenztem Umfang, wenn sie nicht völlig unterbleibt. In diesem Fall würde es sich um eine einfache Alternativstrategie wie bei den Großmöwen handeln. Die Zügelseeschwalbe und Forsterseeschwalbe, die relativ nahe an den Brutgebieten überwintern, weisen eine wenig ausgedehnte oder fehlende Reifemauser aus, was ebenfalls einer einfachen Alternativstrategie entspricht. Die Noddiseeschwalbe durchläuft nur eine Mauser pro Jahr, verfolgt also eine komplexe Basisstrategie, während die Rußseeschalbe die Besonderheit aufweist, alle zehn Monate zu brüten, und ihren Mauserzyklus an dieses Zeitintervall angepasst hat.

Mausern des ersten Zyklus

Zahlreiche Seeschwalben haben die Eigenheit, dass die Reifemauser als Vollmauser abläuft. Diese setzt gelegentlich schon im Brutgebiet ein, meist aber während des Herbstzugs. Einige innere Handschwingen und äußere Armschwingen können während des Zugs ersetzt werden; im Wesentlichen beginnt die Mauser an den Flügeln jedoch ab der Mitte des Winters. Sie wird im Frühjahr des darauffolgenden Jahres abgeschlossen oder im Sommer, falls die Mauser im Winter unterbrochen wird – zumindest bei den großen Arten. Der Umfang der ersten Alternativmauser kann sehr unterschiedlich sein und umfasst Körperfedern, innere Steuerfedern, innere und äußere Armschwingen sowie innere Handschwingen. Diese werden je nach Art zwischen dem Spätwinter und dem Sommer des zweiten Kalenderjahrs ersetzt. Die erste Alternativmauser ist im Durchschnitt weniger umfangreich als die endgültige Alternativmauser, während die zweite und die dritte Alternativmauser der nicht brütenden immaturen Vögel umfangreicher sein können als die jeweils entsprechende Mauser der adulten Tiere.

Mausern bei den immaturen Vögeln

Die zweite Basismauser dauert im Durchschnitt länger als die endgültige Basismauser; sie ist erst einen oder zwei Monate später abgeschlossen. Die adulten Tiere der meisten dieser Arten beginnen mit ihrer Basismauser in den Brutgebieten und tauschen dabei sogar einige innere Handschwingen aus; dann ziehen sie in die Winterquartiere und schließen die Flügelmauser dort ab.
Die darauffolgende Alternativmauser setzt vor Abschluss der Basismauser ein, was bedeutet, dass die Vögel, die älter als zwei Jahre sind, an den Handschwingen drei unterschiedliche Abnutzungsgrade aufweisen: Die innersten mausern im Rahmen der letzten Alternativmauser, die mittleren wurden im Winter ersetzt (Ende der Basismauser), die äußersten sind im Sommer zuvor ersetzt worden. Zu bemerken ist dabei, dass die Schwungfedern der Seeschwalben alle die Eigenheit haben mit zunehmender Abnutzung schwärzer zu werden. Ursache ist eine besondere Struktur der Federstrahlen, die an den neuen Federn einen hellgrau glänzenden Eindruck erzeugen und erst mit zunehmender Abnutzung die schwärzlichere eigentliche Farbe der Feder hervortreten lässt.

Mausern der Altvögel

Ab dem dritten Lebensjahr durchlaufen die Arten, die eine ausgedehnte Alternativmauser der Handschwingen zeigen, im Spätwinter außerdem eine variable Zusatzmauser, die sich auf einige innere Handschwingen und äußere Armschwingen erstreckt. Manche Autoren sind der Ansicht, dass diese neueren Schwungfedern ein Zeichen eines guten körperlichen Zustands und günstig für die kommende Brutsaison sein könnten, auch wenn diese Mauser im dritten Kalenderjahr offenkundig extensiver verläuft als in den nachfolgenden Jahren. Es kommt bei den Vögeln eher selten vor, dass gleichzeitig Schwungfedern aus vier unterschiedlichen Mausern vorhanden sind, die alle von H1 ausgegangen sind.

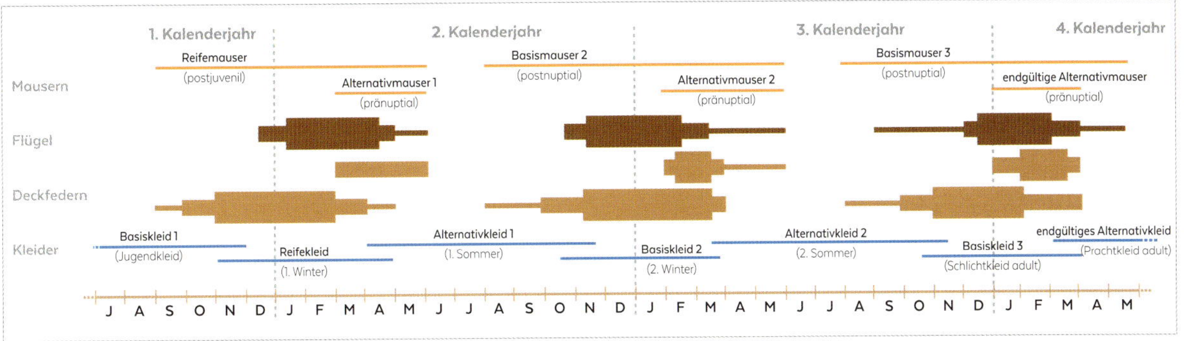

Mauserdiagramm Küstenseeschwalbe
Als extremer Langstreckenzieher, der nur einige Wochen der Brutsaison in der Arktis zubringt, konzentriert die Küstenseeschwalbe ihre Mausern auf die lange Überwinterungszeit der Art. Auch die Reifemauser verläuft nach der Südhalbkugel-Strategie, nämlich als Vollmauser und sehr spät.

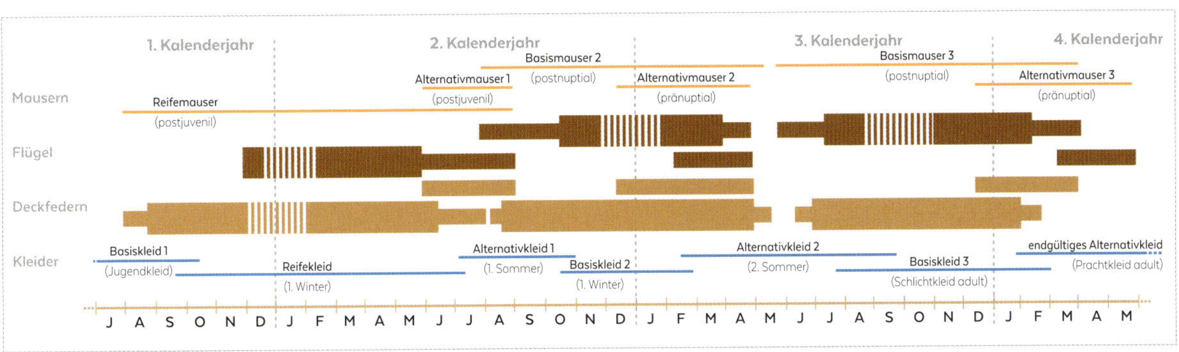

Mauserdiagramm Lachseeschwalbe
Die Reifemauser (Vollmauser) setzt auf dem Zug ein (einschließlich einiger Schwungfedern) und wird dann Anfang des Winters unterbrochen. Einige Schwungfedern werden klassischerweise im Rahmen der Alternativmauser erneut ersetzt. Die Basismauser ist zeitlich sehr ausgedehnt. Sie beginnt in den Brutgebieten und wird häufig bis zur Ankunft im Winterquartier unterbrochen.

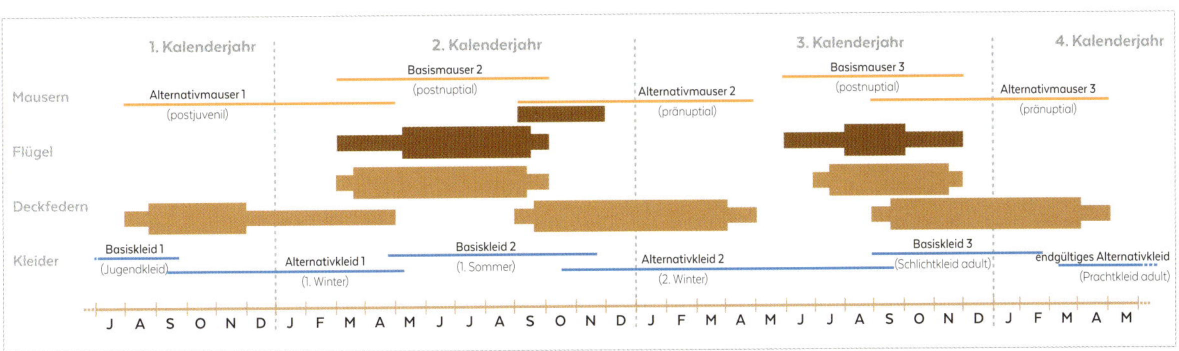

Mauserdiagramm Forsterseeschwalbe
Bei den Altvögeln ist die Flügelmauser typisch für die kurze Strecken ziehenden Arten, die im Norden überwintern. Vor der 2. Basismauser ist eine Zwischenmauser (Reifemauser oder 1. Alternativmauser?) eingeschoben. Diese verläuft sehr frühzeitig und als Teilmauser ohne die Flügel, entsprechend der Strategie «Nordhalbkugel».

Weißflügelseeschwalbe
Die Altvögel (Bild 1) zeigen meist eine bis drei äußere schwarze Handschwingen (mit zugehörigen Handdecken), während die Vögel im 3. Kalenderjahr (Bild 2 und 3) meist drei bis fünf schwarze Handschwingen aufweisen. Frankreich, April © Sébastien Reeber

Zwergseeschwalbe, adult
Die Handschwingen H9 und H10 wurden im Spätherbst (Ende der Basismauser) ersetzt. H5 und H8 sind von innen nach außen zunehmend neuer und wurden im Winter ersetzt (Alternativmauser ohne die äußersten Handschwingen). H3 und H4 wurden im Frühjahr im Rahmen einer Zusatzmauser ersetzt. H1–H2 wachsen gerade nach und kennzeichnen den Beginn einer neuen Basismauser. Die Handschwingenmauser geht immer von H1 aus. Frankreich, Juli © Aurélien Audevard

Forsterseeschwalbe, juvenil/1. Winter
Anders als die lange Strecken ziehenden Arten mausert die Forsterseeschwalbe nicht im 1. Winter an den Flügeln. Die spitzen, dunklen Flügel bleiben also bis zum darauffolgenden Frühjahr dunkel. New Jersey, September © Sébastien Reeber

Königsseeschwalben (2, 3) und Amerikanische Brandseeschwalben (1, 4)
Dieses Foto illustriert die zeitliche Verschiebung der Mauser der Handschwingen zwischen Vögeln im 2. Winter (2 und 4), bei denen die abgenutzten äußeren Handschwingen manchmal bis zum darauffolgenden Sommer erhalten bleiben, und den adulten Vögeln (1 und 3) mit vollständig neuen Handschwingen. Florida, Februar © Sébastien Reeber

Lachseeschwalbe, adult
Bei dieser Seeschwalbe beginnt die Basismauser schon während der Brutzeit mit dem Kopfgefieder.
Frankreich, Mai © Christian Aussaguel

Raubseeschwalbe, adult
Dieser Vogel hat im Rahmen seiner Alternativmauser drei innere Handschwingen ersetzt. Frankreich, Juli © Aurélien Audevard

Forsterseeschwalbe, adult
Man beachte die vollständig weißen Handschwingen dieses Altvogels im Gegensatz zu den dunklen des immaturen Vogels (vorherige Seite, oberes Bild). Zu dieser Zeit haben viele Altvögel ihre Basismauser vollständig oder weitgehend abgeschlossen.
New Jersey, Oktober © Sébastien Reeber

Falken

Die Mauserstrategie der Falken ist eine komplexe Basisstrategie mit als Teilmauser verlaufender Reifemauser bei den juvenilen Tieren und einer als Vollmauser verlaufenden Basismauser bei den adulten Tieren, die jeweils im Winter erfolgt, gleichzeitig mit der Mauser der Schwungfedern bei den Vögeln im zweiten Kalenderjahr. Sie verläuft **zentrifugal**, beginnt also mit dem Ausfallen einer mittleren Handschwinge (H4 oder H5) und schreitet ausgehend von dieser Feder in beide Richtungen fort, mit einer Mauserwelle in Richtung Flügelspitze (H10, rudimentäre H11) und einer zweiten Mauserwelle in Richtung H1. Im Verlauf der Mauser weist ein Falke also eine Gruppe von neuen mittleren Handschwingen auf, die von abgenutzten inneren und äußeren Handschwingen umgeben sind. Die letzten Handschwingen, die erneuert werden und also bei den Vögeln im zweiten Kalenderjahr noch juvenil sein können, sind H1 und H10. Bei den Vögeln im dritten Kalenderjahr hingegen sind es die mittleren Handschwingen, die am stärksten abgenutzt aussehen, da sie zuerst erneuert wurden (im vorigen Sommer), während die äußeren und inneren Handschwingen erst im Winter ersetzt wurden und daher neuer sind. Entsprechend beginnt die Armschwingenmauser mit dem Ausfallen einer mittleren Feder (meist A5 oder A4), um dann in beide Richtungen, nach außen und nach innen, fortzuschreiten. Eine dritte Mauserwelle geht von A13 aus und schreitet nach außen fort. Die letzte Armschwinge, die ersetzt wird, ist die neben H1 liegende äußerste Armschwinge (A1). Bemerkenswert ist, dass die standorttreuen und kurze Strecken ziehenden Falken alle Schwungfedern im Laufe des Jahres austauschen, während die Langstreckenzieher wie Baumfalke oder Eleonorenfalke während der Brutsaison maximal einige Schwungfedern ersetzen (manchmal auch keine) und den Hauptteil der Flügelmauser im Winterquartier vollziehen.

Turmfalke: juvenil oder weiblich?

Bei den Turmfalken ähnelt wie auch bei den Rötelfalken das Gefieder der Jungvögel sehr stark dem der adulten Weibchen. Die Frage lässt sich jedoch anhand der Mauser beantworten. Im Spätsommer und im Herbst bilden die Schwungfedern der juvenilen Tiere eine regelmäßige Flügelhinterkante mit charakteristischem feinem, hellem Saum. Zu dieser Jahreszeit sind bei den Weibchen bestimmte Schwungfedern stärker abgenutzt und andere wachsen gerade nach (ein Vorgang, der sich von Mai bis in den Herbst erstreckt).

Nordeuropäischer Wanderfalke

Die Unterschiede in der Mauserstrategie zwischen standorttreuen und ziehenden Arten finden sich auch zwischen den nordeuropäischen und südeuropäischen Populationen

Turmfalke, juvenil
Das Gefieder dieses Jungvogels ist neu und zeigt an den Schwungfedern keinerlei Anzeichen von Mauser. Die Flügelhinterkante und das Ende des Schwanzes sind klar und regelmäßig mit feiner weißer Endbinde. Madeira, August © Philippe J. Dubois

Turmfalke, weiblich
Anders als ein Jungvogel weist dieses adulte Weibchen ein abgenutztes Gefieder mit sehr unregelmäßiger Flügelhinterkante auf. Es hat mit der Mauser der Handschwingen begonnen (H5 und H6 sind neu), außerdem auch mit der Mauser der Armschwingen (ausgehend von A3, was außergewöhnlich ist). Frankreich, Juli © Philippe J. Dubois

des Wanderfalken. So haben die standorttreuen südlichen Populationen (beispielsweise im Mittelmeerraum) Ende Oktober die Mauser aller Schwungfedern abgeschlossen, während die ziehenden nordeuropäischen Wanderfalken gerade knapp die Hälfte der Schwungfedern erneuert haben. Dies kann ein wertvoller Hinweis darauf sein, ob es sich bei einem Wanderfalken im Herbst/Winter im Mittelmeerraum um einen nordeuropäischen Wanderfalken (beispielsweise der Unterart *calidus*) handelt. Achtung: Dies betrifft nur die Vögel im zweiten Kalenderjahr und die Altvögel, nicht die Jungvögel, bei denen die Schwungfedernmauser zu dieser Jahreszeit noch nicht begonnen hat.

Subadulte Rotfußfalken bestimmen

Das Gefieder der Jungvögel unterscheidet sich bei den meisten Falkenarten deutlich von dem der Altvögel, sodass die Bestimmung hier meist keine Probleme bereitet. Nach der Basismauser vom zweiten Kalenderjahr bis zum Frühjahr des dritten Kalenderjahrs ähnelt ihr Gefieder jedoch schon stark dem der Altvögel. Die einzige Möglichkeit, einen Vogel im zweiten oder dritten Kalenderjahr von einem Altvogel zu unterscheiden, bieten dann verbliebene juvenile Schwungfedern (die Handschwingen H1 und H10, die Armschwinge A1 sowie auch das Steuerfederpaar St5, die häufig als letzte erneuert werden), da sich die Färbung von juvenilen und adulten Federn meist deutlich unterscheidet. Beim Rotfußfalken lassen sich im Frühjahr auf diese Weise die Männchen und Weibchen im zweiten Kalenderjahr bestimmen, obwohl die Mauser schon fast abgeschlossen ist und sie den Altvögeln des jeweiligen Geschlechts sehr ähnlich sehen: Die noch verbliebenen juvenilen Schwungfedern – gestreift und nicht einfarbig grau an der Unterseite – sind im Flug sehr gut zu erkennen. Bei ruhenden Vögeln kontrastieren diese abgenutzten bräunlichen juvenilen Schwungfedern und zugehörigen großen Armdecken mit dem übrigen schiefergrauen Gefieder der Oberseite. Häufig sind auch noch ein paar juvenile Steuerfedern – schwarzbraun mit feiner rötlicher Bänderung – übrig. Diese Federn lassen sich leicht von den adulten Steuerfedern – einfarbig schwarzgrau bei den Männchen beziehungsweise graublau und schwarz gebändert mit breiter, schwarzer Subterminalbinde bei den Weibchen – unterscheiden.

Im darauffolgenden Frühjahr sehen die Männchen im dritten Kalenderjahr (erstes Alterskleid) fast identisch aus wie die älteren Männchen, jedoch sind noch mittlere Handschwingen vorhanden, die brauner sind als die übrigen (grauen) Handschwingen, wie sich unter sehr guten Beobachtungsbedingungen oder auf Fotografien erkennen lässt. Diese Färbung ist auf die Abnutzung dieser Federn zurückzuführen, die älter sind als die übrigen (vom letzten Sommer, nicht vom Winter). Die Vögel im endgültigen Alterskleid haben alle ihre Schwungfedern im Winter erneuert, sodass diese im Frühjahr allesamt gleich neu aussehen. Der entsprechende Kontrast findet sich bei den Weibchen im dritten Kalenderjahr; allerdings ist der Farbunterschied zwischen abgenutzten und neuen Federn nicht so auffällig.

Rotfußfalke, männlich, 3. Kalenderjahr
Die braune Färbung der mittleren Handschwingen H4–H7 zeigt an, dass die Erneuerung dieser Federn deutlich länger zurückliegt als diejenige der äußeren und inneren Handschwingen (H8–H10 bzw. H1–H3, wobei hier H3 und die Spitze von H2 sichtbar sind).
Ungarn, Mai © Édouard Dansette

Rotfußfalke, weiblich, 2. Kalenderjahr *(oben)*
Die mittleren Steuerfedern sind adulten Typs (mit breiter, schwarzer Subterminalbinde) und heben sich von den juvenilen äußeren Steuerfedern ab. Frankreich, Mai © Fabrice Jallu

Rotfußfalke, männlich, 3. Kalenderjahr *(unten)*
Die zu den Handschwingen H3–H6 gehörenden Handschwingen sind ebenfalls abgenutzt, da sie zum gleichen Zeitpunkt ausgetauscht wurden. Ungarn, Mai © Édouard Dansette

Rotfußfalke, weiblich, 3. Kalenderjahr *(oben)*
Bei den Weibchen ist der Kontrast zwischen abgenutzten mittleren Handschwingen und übrigen Handschwingen weniger ausgeprägt und schwieriger zu erkennen. Spanien, Mai © Christian Aussaguel

Rotfußfalke, männlich, adult *(unten)*
Bei den Altvögeln werden alle Schwungfedern im Winterquartier erneuert, sodass die mittleren Handschwingen nicht stärker abgenutzt sind als die anderen. Ungarn, Mai © Édouard Dansette

Meisen

Alle Meisen verfolgen eine komplexe Basisstrategie mit nur einer jährlichen Mauser nach der Brutsaison. Diese Strategie ist typisch für viele waldbewohnende Sperlingsvögel, die wenig Zeit in der Sonne verbringen und nur kurze Strecken ziehen. Die Jungvögel vollziehen (annähernd) zeitgleich mit der Basismauser der Altvögel eine Reifemauser, welche die Körperfedern und einen variablen Teil der Flügeldecken umfasst, aber nicht generell die Schwungfedern. Bei den südlichen Populationen mehrerer Arten ist die Reifemauser häufig umfangreicher und umfasst beispielsweise auch die Schirmfedern und sogar die inneren Armschwingen. Es wurde für bestimmte Vögel auch das Vorhandensein einer begrenzten Alternativmauser im Frühjahr zur Diskussion gestellt, was beispielsweise für die nordafrikanischen Populationen logisch wäre, die sehr viel der Sonne ausgesetzt sind.

Da im Laufe des ersten Lebensjahrs der Vögel nur eine Mauser stattfindet, sind Mauserkontraste ab dem ersten Herbst zwischen Federn des Jugendkleids (Schwungfedern, Handdecken, Schirmfedern, Steuerfedern sowie manchmal äußeren großen Armdecken) und Federn des Reifekleids bis zur zweiten Basismauser im darauffolgenden Sommer sichtbar. Zur Bestimmung des Alters einer Meise zwischen Herbst und Frühjahr wird man also einen Mauserkontrast suchen, meist zwischen den große Armdecken adulten Typs und immer noch juvenilen Handdecken, die brauner, feiner und spitzer sind und keinen farbigen Saum aufweisen.

Gelegentlich findet sich ein Mauserkontrast an den großen Armdecken, wenn nur eine begrenzte Reifemauser erfolgte, gelegentlich an den Handdecken, wenn sie ausgedehnter war. Im letztgenannten Fall findet sich gelegentlich außerdem ein Kontrast zwischen den neuen mittleren Steuerfedern und den nicht ersetzten, also abgenutzten äußeren Steuerfedern oder auch an den Schirmfedern. Je nach Art sind diese Merkmale leichter oder schwieriger zu erkennen, insbesondere in Abhängigkeit davon, ob die Handdecken bei den Altvögeln einen hellen Saum aufweisen oder nicht.

Blaumeisen, adult (1) und immatur (2)
Für die Altersbestimmung einer Meise ist nach einem Kontrast hinsichtlich Farbe beziehungsweise Abnutzung zwischen juvenilen Federn und Federn aus der Reifemauser zu suchen. Beim immaturen Vogel in Bild 2 sind die großen Armdecken und die Alula blau, die Handdecken und die Schwungfedern sind grau oder grünlich. Beim adulten Vogel in Bild 1 hingegen ist der Flügel durchgehend blau ohne Anzeichen von Abnutzung.

Frankreich, November © Fabrice Jallu (1) und Januar © Aurélien Audevard (2)

Kohlmeisen, adult *(unten)* **und immatur** *(oben)*
Bei der Kohlmeise im 1. Winter ist ebenfalls ein Mauserkontrast zwischen den bläulichen großen Armdecken und den grauen oder manchmal bräunlichen Handdecken zu erkennen. Beim Altvogel sind die große Armdecken und die Handdecken ähnlich gefärbt. Zu beachten ist außerdem, dass der Scheitel des Altvogels ein glänzenderes Schwarz aufweist. Frankreich, Dezember © Aurélien Audevard

Laubsänger

Die Mauserstrategie der Laubsänger ist eine komplexe Alternativstrategie mit einer Vollmauser und einer Teilmauser pro Jahr sowie einer Reifemauser im ersten Zyklus.

Mauser in Abhängigkeit von der Zugdistanz

Als Altvögel durchlaufen die Laubsänger, die als Kurz- oder Mittelstreckenzieher in relativ weit nördlich gelegenen Gebieten überwintern, direkt nach der Brutsaison eine Vollmauser im Brutgebiet oder in dessen Nähe. Hierzu gehören beispielsweise Dunkellaubsänger, Bartlaubsänger, Eichenlaubsänger, Zilpzalp und Iberienzilpzalp. Allerdings gibt es auch Ausnahmen von dieser Regel wie den Gelbbrauen-Laubsänger und den Goldhähnchen-Laubsänger, die sich von den echten *Phylloscopus* in mehrerer Hinsicht unterscheiden und bei denen auch die Langstreckenzieher diese Strategie verfolgen. Andere Arten mit größeren Zugdistanzen (Berglaubsänger, Waldlaubsänger) vollziehen einen Teil der Basismauser im Spätsommer im Brutgebiet, während die Armschwingen erst Anfang des Winters im Winterquartier erneuert werden. Und schließlich gibt es noch Langstrecken ziehende Arten, bei denen die Flügelmauser erst später im Winter, im Februar/März, erfolgt.

Fügt man noch eine als Teilmauser verlaufende Alternativmauser Ende des Winters hinzu, so ähnelt die Situation sehr stark derjenigen der Rohrsänger, wobei die Unterschiede im Zeitschema offenbar mehr von den Zugdistanzen abhängen als von der Art. Es wäre interessant, mehr über die Variationen hinsichtlich der Mauserstrategien bei Arten mit sehr großem Verbreitungsgebiet zu wissen (beispielsweise bei unterschiedlichen Populationen von Zilpzalp und Grünlaubsänger). Zu berücksichtigen ist auch, dass die von den Kurzstrecken ziehenden Arten durchlaufene Reifemauser als Teilmauser verläuft (maximal einige Handschwingen werden erneuert). Bei den anderen Arten verläuft sie hingegen als Vollmauser, und zwar ebenfalls nach dem für die Rohrsänger beschriebenen Zeitschema mit Mauser der Körperfedern im Brutgebiet und Flügelmauser im Winter.

Zwei Vollmausern pro Jahr

Der Fitis nimmt unter den europäischen Vögeln eine Sonderstellung ein, da bei dieser Art die adulten Tiere zwei Vollmausern pro Jahr durchlaufen. Die Alternativmauser im Winter erfolgt häufiger als Teilmauser als die Basismauser im Sommer, was in die Richtung der Auffassung gehen würde, dass Flügelmauser und sommerliche Mauser der Körperfedern eine unterbrochene Vollmauser darstellen.

Fitis
Die Altvögel dieser Art durchlaufen vor dem Herbstzug eine Vollmauser. Ihr Gefieder ist also ebenso neu wie das der Jungvögel. Dies ist hier vor allem an der Zeichnung der Handschwingen erkennbar. Frankreich, September © Aurélien Audevard

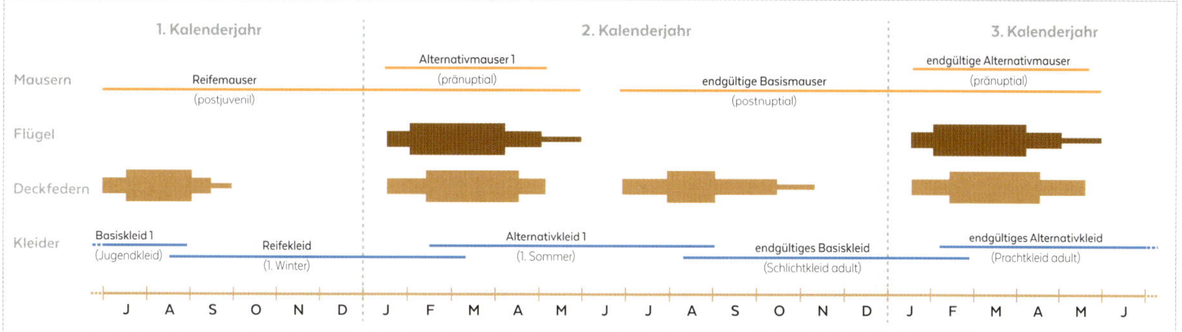

Mauserdiagramm Langstrecken ziehender Laubsänger

Mehrere Langstrecken ziehende Laubsängerarten vollziehen ihre Flügelmauser unabhängig von der Alterskategorie später im Winter. Im Herbst gehen diese Vögel mit verhältnismäßig abgenutzten Flügeln auf den Zug. Die Flügelbinden von Arten wie dem Wanderlaubsänger oder dem Grünlaubsänger sind dann bei adulten Tieren kaum sichtbar.

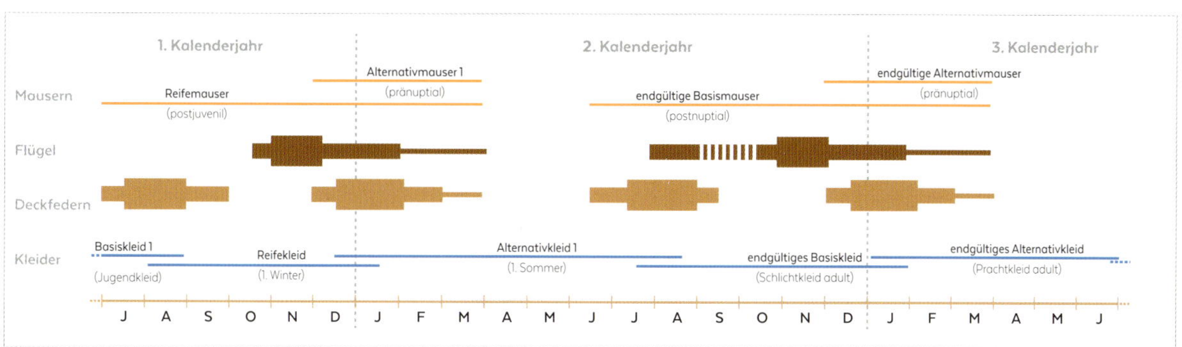

Mauserdiagramm Mittelstrecken ziehender Laubsänger

Die Arten und Populationen der Mittelstrecken ziehenden Laubsänger vollziehen ihre Reifemauser als Vollmauser, wobei die Körperfedern im Brutgebiet ersetzt werden, die Schwungfedern im Winterquartier. Entsprechendes gilt für die adulten Tiere, die ihre Flügelmauser während des Zugs oder in der Mitte des Winters häufig unterbrechen.

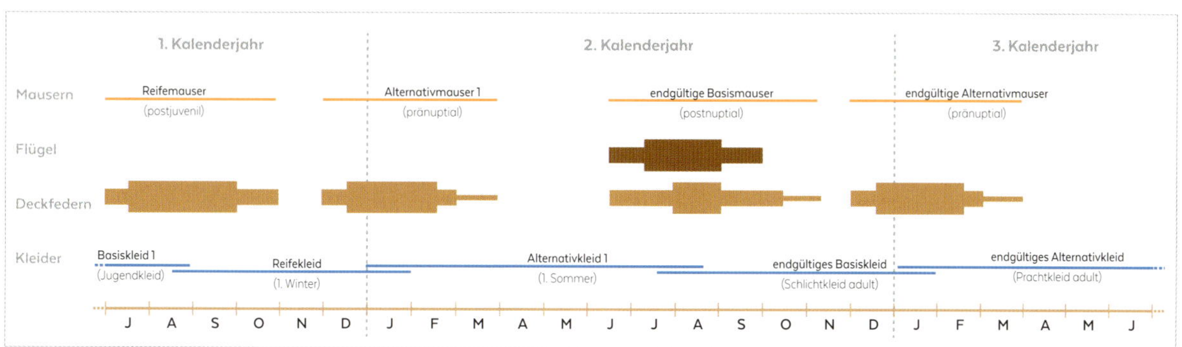

Mauserdiagramm Kurzstrecken ziehender Laubsänger

Die Arten oder Populationen der Kurzstrecken ziehenden Laubsänger erneuern ihre Schwungfedern nicht im 1. Lebensjahr, wobei die 1. Alternativmauser im Übrigen früh stattfindet. Die adulten Vögel durchlaufen direkt nach der Brutsaison eine Vollmauser.

Wanderlaubsänger
Im Mai hat haben die Langstrecken ziehenden Wanderlaubsänger, ob juvenil oder adult, gerade die Flügelmauser abgeschlossen. Die Flügelbinden sind dann deutlich sichtbar. Mongolei, Mai © Aurélien Audevard

Tienschan-Laubsänger
Hier ist das Alter schwer zu bestimmen, da die Flügel der Vögel im 2. Kalenderjahr im Frühjahr noch stärker abgenutzt sind als die der adulten Vögel. Kasachstan, Mai © Aurélien Audevard

Tienschan-Laubsänger
Im Herbst und im Winter sind die Schwungfedern und Steuerfedern der jungen Vögel etwas stärker abgenutzt, was aber praktisch nur beim Vogel in der Hand erkennbar ist.
Frankreich, Februar © Christian Aussaguel

Laubsänger mit Flügelbinden

Für die Bestimmung im Freiland ist es hilfreich zu wissen, dass die Langstrecken ziehenden Laubsänger (Fitis, Wanderlaubsänger, Grünlaubsänger, Berglaubsänger, Waldlaubsänger) im Frühjahr erst kürzlich die Flügel erneuert haben. Zu dieser Zeit sind die mittleren und großen Armdecken bei den Laubsängern mit Flügelbinden neu, sodass die Flügelbinden gut zu erkennen sind. Bei den anderen Laubsängern sind die Flügel deutlich abgenutzter oder weisen an den Handschwingen einen klaren Mauserkontrast auf.

Bei den Langstrecken ziehenden Arten weisen die Vögel im zweiten Kalenderjahr im Frühjahr ein relativ neues Gefieder auf, das mit dem der Altvögel identisch ist. Bei den anderen Arten (einschließlich der Tienschan-, Gelbbrauen- und Goldhähnchen-Laubsänger) sind die Flügel immer noch juvenil und stärker abgenutzt als bei den Altvögeln.

Im Herbst sieht es anders aus: Wanderlaubsänger und Grünlaubsänger haben ihre Flügelmauser noch nicht vollzogen. Ihre Flügelbinden sind bei den Altvögeln nur wenig oder kaum sichtbar, während sie bei den Vögeln im ersten Kalenderjahr sehr deutlich sind. Wie beim Berglaubsänger und dem Waldlaubsänger stellt die Abnutzung der Flügelfedern in dieser Zeit ein wertvolles Altersmerkmal dar, während die Flügel bei den anderen Laubsängern, beispielsweise beim Fitis, neu sind, und zwar bei den Altvögeln sogar neuer als bei den Jungvögeln.

Wanderlaubsänger, adult
Im Herbst zeigen die Langstreckenzieher relativ abgenutzte Flügel. Bei den adulten Wanderlaubsängern ist die Flügelbinde zu dieser Zeit wesentlich schlechter sichtbar als im Frühjahr, während sie bei den Jungvögeln deutlich hervortritt. Südkorea, Oktober © Aurélien Audevard

Rohrsänger

Wie viele andere Grasmückenartige verfolgen die Rohrsänger der Gattung *Acrocephalus* eine komplexe Alternativstrategie. Es kann jedoch ein interessanter Versuch sein, die Unterschiede in der Mauserstrategie zu interpretieren, da sich diese oft einer bestimmten Art oder Altersstufe zuordnen lassen. Allen Arten (und generell den Grasmückenartigen) ist es gemeinsam, dass die Jungvögel kurz nach dem Ausfliegen – also im Brutgebiet oder in dessen Nähe – eine Reifemauser der Körperfedern durchlaufen. Danach folgen sie mehr oder weniger dem Mauserzyklus der adulten Vögel.

Die wesentlichen Unterschiede zwischen den Populationen liegen im Zeitschema und in der Lage der Mausergebiete für die Flügelmauser. Diese kann recht abrupt verlaufen und die Vögel vorübergehend flugunfähig machen. Die Altvögel der meisten Arten mausern zwischen Juli und September im Brutgebiet beziehungsweise auf dem Herbstzug einen variablen Teil der Körperfedern. Bei den nördlich brütenden Populationen der meisten Arten kann diese Mauser auch unterbleiben. Danach folgt im August/September bei den standorttreuen oder nur kurze oder mäßig lange Strecken zurücklegenden Vögeln des Mittelmeerraums (Mariskensängern, Drosselrohrsängern, Teichrohrsängern und anderen) die Flügelmauser. Die Mittelstreckenzieher beginnen mit dieser Mauser eventuell schon zwischen September und November in reinen Mausergebieten, bevor sie sich auf den Zug nach Süden begeben (beispielsweise Buschrohrsänger und manche Populationen von Drosselrohrsänger und Teichrohrsänger etc.), oder erst im Winterquartier (Mariskensänger der Unterart *mimicus*, Seggenrohrsänger, Schilfrohrsänger, Feldrohrsänger, Populationen des Teichrohrsängers in Vorderasien). Bei den Langstrecken ziehenden Populationen, die noch weiter südlich überwintern, setzt die Flügelmauser später zwischen Dezember und Februar ein (Schilfrohrsänger, Sumpfrohrsänger, Teichrohrsänger, Drosselrohrsänger). In diesem Fall verläuft die Flügelmauser häufig langsamer oder sie wird im Winter unterbrochen und ist erst im März oder April abgeschlossen. Diese Unterschiede im Zeitschema hängen ganz offensichtlich mit der geografischen Breite der Lebensräume der verschiedenen Populationen und ihren Zugdistanzen zusammen. Sie spiegeln sich auch in sehr unterschiedlichen Abnutzungsgraden der Flügel wider, indem bei manchen Vögeln die letzte Flügelmauser zu diesem Zeitpunkt sechs Monate zurückliegt, während andere sie gerade abgeschlossen haben. Die Körperfedern werden bei allen Arten zwischen Februar und April

Sumpfrohrsänger, juvenil
Im Sommer und im Herbst weisen die jungen Rohrsänger relativ neue Flügelfedern auf, anders als die Altvögel der Populationen der gemäßigten Zonen, die ihre Flügelfedern nach dem Herbstzug erneuern. Frankreich, Juli © Élie Ducos

ersetzt, bei den standorttreuen südlicheren Populationen, die früh brüten, (Mariskensänger) jedoch schon zwischen Dezember und Februar. Diese Mauser wurde als sehr variabel im Umfang beschrieben. Bei den Populationen mehrerer Arten, die ihre Flügelmauser spät vollziehen, im Süden überwintern und spät zurückziehen, kann sie sogar vollständig unterbleiben. Man neigt dazu, die Flügelmauser als Teil einer Vollmauser zu interpretieren, die auch die Mauser der Körperfedern Ende des Winters umfassen würde, da mehrheitlich beide Mausern im Winterquartier stattfinden. Allerdings findet diese Mauser bei den südlichen Populationen zusammen mit der sommerlichen Mauser der Körperfedern statt, und im Hinblick auf die Übereinstimmung zwischen den Arten ist es wesentlich logischer, diese Flügelmauser unabhängig vom faktischen Termin im Einzelnen einer mit den Körperfedern beginnenden Mauser direkt nach der Brutsaison zuzuordnen. Der Teil der Flügelmauser ist einfach verschoben, und zwar umso weiter nach hinten, je größer die Zugdistanz ist. Es sollte daher vorzugsweise interpretiert werden, dass diese Arten eine Vollmauser als Reifemauser und als endgültige Basismauser durchlaufen, die während des Herbstzugs häufig unterbrochen wird, gefolgt von einer Alternativmauser (Teilmauser) Ende des Winters und zu Beginn des Frühjahrs. Diese Auffassung stimmt mit dem Befund bei vielen anderen Arten überein, wobei hier lediglich der Herbstzug aus Nahrungsgründen relativ früh stattfindet.

Sumpfrohrsänger, adult
Die Sumpfrohrsänger erneuern ihre Schwungfedern zwischen Ende des Winters und Ende des Frühjahrs, sodass die Flügelfedern bei Ankunft im Brutgebiet neu sind.
Frankreich, Mai © Aurélien Audevard

Die Rolle der Mauser bei der Bestimmung

Betrachten wir nun, wie uns diese Informationen zur Mauser im Zusammenhang mit der oft schwierigen Bestimmung dieser Arten mit ihrem unauffälligen und einheitlichen, untereinander sehr ähnlichen Gefieder helfen können. Zunächst ist es generell nicht möglich, im Frühjahr die Vögel im zweiten Kalenderjahr anhand des Gefieders von den adulten Tieren zu unterscheiden (bei manchen Arten ist eine Unterscheidung aufgrund der Irisfarbe möglich). Jedoch lassen sich die Jungvögel im ersten Kalenderjahr im Sommer und Herbst sehr leicht identifizieren. Diese haben relativ neue Flügel, während die Flügel der Altvögel abgenutzt oder sehr stark abgenutzt sind. Eine einfache Beobachtung der Flügelspitze oder der Schirmfedern im Sommer oder Herbst lässt ein neues oder aber abgenutztes Gefieder erkennen und ermöglicht eine Bestimmung des Alters bei allen Arten der Gattung. Die Merkmale zur Unterscheidung vieler dieser Arten untereinander hängen direkt entweder mit dem Alter (unter anderem Bein- und Schnabelfarbe) oder mit dem Gefiederzustand zusammen. Dies gilt insbesondere für die Intensität des Überaugenstreifs (Buschrohrsänger, Teichrohrsänger ssp. *ambiguus*, Feldrohrsänger), das Erscheinungsbild der Schirmfedern (Buschrohrsänger), das Vorhandensein heller Sicheln am Ende der Handschwingen (Sumpfrohrsänger) oder einfach für eine insgesamt wärmere oder weniger warme Färbung.

Seidenschwänze

Seidenschwanz, adult
Dass die kammartige Zeichnung der Handschwingen zweifarbig ist, ist nur aus geringer Entfernung erkennbar. Frankreich, Januar © Rémi Rufer

Diese in unseren Breiten eher selten zu sehenden Sperlinge verfolgen eine komplexe Basisstrategie: Die adulten Vögel durchlaufen zwischen August und November eine jährliche Basismauser. Die juvenilen Tiere durchlaufen im selben Zeitraum eine als Teilmauser erfolgende Reifemauser, die nur Kopf, Körper und Oberflügeldecken (außer den Handdecken) umfasst. Die juvenilen Schwungfedern werden nicht erneuert und sind also bei den Vögeln im zweiten Kalenderjahr noch bis zur darauffolgenden Basismauser vorhanden.
Diese Eigenheit in Kombination mit der Färbung der Handschwingen, die bei Jungvögeln und Altvögeln unterschiedlich ist, ermöglicht es zu bestimmen, ob ein Seidenschwanz adult ist oder sich im ersten Winter beziehungsweise, zwischen Frühjahr und Herbst des drauffolgenden Jahrs, im zweiten Kalenderjahr befindet. Das Ende der Handschwingen der adulten Tiere bildet ein helles V, das durch den leuchtend gelben Saum am distalen Teil der Innenfahne und durch einen hellen Saum an der Spitze der Innenfahne entsteht. Bei den Jungvögeln fehlt der helle Saum an der Innenfahne; sie weisen nur einen blassgelben (oder weißlichen) Streif am Ende der Außenfahne auf.
Am geschlossenen Flügel bilden diese Säume auf den schwarzen Schwungfedern der Altvögel einen gelben Kamm mit weißen Zinken, bei den Jungvögeln und den Vögeln im zweiten Kalenderjahr hingegen einen einfachen gelblichen oder weißlichen Streif (ohne Zinken). Nach der zweiten Basismauser sind die Vögel im zweiten Kalenderjahr dann nicht mehr von den Altvögeln zu unterscheiden.

Seidenschwanz, 1. Winter
Am geschlossenen Flügel bilden die juvenilen Handschwingen eine weiß-gelbe Linie. Frankreich, Dezember © Édouard Dansette

Seidenschwanz, 1. Winter
Abgesehen von der Zeichnung der Handschwingen entspricht das Kleid der Vögel im 1. Winter dem Alterskleid der Art.
Frankreich, Februar © Frank Dhermain

Seidenschwanz, adult
Die kammartig gezahnte gelb-weiße Zeichnung auf den Handschwingen ist typisch für die Altvögel. Frankreich, Februar © Didier Pépin

Seidenschwanz, adult
Die kammartige gelbe Zeichnung der adulten Handschwingen ist sogar von Weitem sichtbar. Frankreich, Oktober © Thierry Tancrez

Drosseln und Rotschwänze

Wie viele andere Sperlingsvögel auch verfolgen die meisten der Arten, die früher der Familie der Drosseln angehörten (und heute den Fliegenschnäppern zugeordnet sind), eine komplexe Basisstrategie mit als Teilmauser verlaufender Reifemauser bei den Jungvögeln und als Vollmauser verlaufender Basismauser bei den Altvögeln. Beide Mausern finden im Wesentlichen zwischen Juli und Oktober statt.

Immature Tiere identifizieren

Die Teilmauser der juvenilen Drosseln umfasst die Körperfedern, die kleinen und mittleren Flügeldecken sowie einen Teil der großen Armdecken (die drei bis fünf innersten), der Schirmfedern und der Steuerfedern. Die juvenilen Schwungfedern und äußeren großen Armdecken bleiben bis zur Basismauser im darauffolgenden Sommer erhalten. Die Zeichnung der juvenilen großen Armdecken unterscheidet sich – je nach Art mehr oder weniger stark – von derjenigen der adulten Federn, sodass die Vögel im ersten Kalenderjahr (im Herbst) und die Vögel im zweiten Kalenderjahr (im Frühjahr) zu erkennen sind. Bei ihnen weisen die inneren großen Armdecken (adulten Typs) eine andere Färbung auf als die noch vorhandenen juvenilen äußeren großen Armdecken (manchmal sind alle erneuert worden). Die juvenilen großen Armdecken weisen einen eher ovalen, hellen, gelblich braunen Fleck an der Spitze auf und sind länger als die einfarbigen und an der Spitze abgerundeten Federn adulten Typs. Der Unterschied ist bei den europäischen Drosseln (Gattung *Turdus*) relativ deutlich erkennbar, ebenso jedoch bei den amerikanischen Drosseln (Gattung *Catharus*), die als Jungvögel im Herbst am Ende der großen Armdecken (vollständig oder teilweise) eine deutliche helle Flügelbinde präsentieren, während der Flügel bei den Altvögeln praktisch einfarbig ist (eventuell mit feinerer heller Flügelbinde).

Singdrossel, 1. Winter
Die neue innere große Armdecke ist adulten Typs mit kleinem, rundem cremefarbenem Fleck an der Außenfahne. Bei den juvenilen großen Armdecken ist dieser Fleck gelblich braun und erstreckt sich auch entlang des Schafts. Frankreich, Februar © Marc Duquet

Singdrossel, adult
Beim Altvogel sehen alle großen Armdecken gleich aus. Sie wirken einheitlicher braun, da die hellen Flecken kaum sichtbar sind und sich außerdem schnell abnutzen.
Frankreich, Februar © Marc Duquet

Amsel, männlich, 2. Kalenderjahr
Dieses Männchen schließt gerade die 2. Basismauser ab. Alle Federn an Flügeln, Rumpf und Kopf sind adulten Typs (schwarz), nur die Federn am Bein sind noch juvenil (braun). Diese Federn werden zusammen mit denjenigen des Steißes häufig zuletzt erneuert.
Frankreich, Oktober © Marc Duquet

Amsel: männlich adult und männlich immatur

Am Ende der Reifemauser, die zwischen Juli und Oktober verläuft, weisen die jungen, männlichen Amseln ein Kleid auf, das dem Alterskleid der Männchen ähnelt. Jedoch sind alle Schwungfedern (einschließlich der Schirmfedern) und Handdecken noch juvenil. Mit ihrer abgenutzten bräunlichen Farbe heben sie sich stark von dem übrigen neuen, schwärzeren Gefieder ab. Anhand dieses Kontrasts lassen sich immature und adulte Männchen (die Flügel sind genauso schwarz wie Rumpf und Kopf) bis zur vollständigen Basismauser im darauffolgenden Jahr, bei der alle Flügel erneuert werden, leicht unterscheiden. Bei den Weibchen existiert dieser Kontrast ebenfalls, er ist jedoch aufgrund ihres braunen Gefieders wesentlich weniger deutlich.

Amsel, männlich, 1. Winter
Die juvenilen Schwungfedern und Handdecken (braun) fallen zwischen dem adulten Gefieder auf. Frankreich, Oktober © Olivier Penard

Amsel, männlich, adult
Nach der endgültigen Basismauser (2. Herbst) entsprechen alle Federn dem Alterskleid. Frankreich, Oktober © Marc Duquet

Gartenrotschwanz, männlich, 1. Winter
Die Ähnlichkeit mit dem Altvogel verrät das Geschlecht. Das Alter kann anhand der grauen Zügel und der schmalen und spitzen Steuerfedern bestimmt werden.
Frankreich, September © Aurélien Audevard

Gartenrotschwanz, weiblich, 1. Winter
Die rötliche Flügelbinde ist bei dieser Art kein zuverlässiges Merkmal. Die schmalen, spitzen Steuerfedern hingegen sind eindeutig juvenil.
Frankreich, September © Aurélien Audevard

Gartenrotschwanz, männlich, adult
Altvogel (siehe schwarze Zügel). Frankreich, August © Didier Pépin

Gartenrotschwanz, 1. Kalenderjahr

Die immaturen Männchen lassen sich recht leicht von den adulten Männchen unterscheiden, da sie ihnen grob ähneln (aber graue oder hell gefleckte Zügel aufweisen, während die Zügel der adulten Männchen rein schwarz sind). Hingegen ist es deutlich schwieriger, im Herbst das Alter eines weiblichen Gartenrotschwanzes näher zu bestimmen. Die durch die äußersten Spitzen der neuen großen Armdecken gebildete rötliche Flügelbinde ist sowohl bei juvenilen als auch bei adulten Weibchen vorhanden (und auch bei den Männchen). Jedoch unterscheiden sich die adulten Weibchen durch die äußersten Enden der neuen, graubraunen großen Armdecken ohne warmen Farbton. Die jungen Weibchen weisen häufig einige innere Federn dieses Typs auf. Unabhängig vom Geschlecht des Vogels ist die schmale, spitze Form der juvenilen Steuerfedern ein charakteristisches Merkmal der Vögel im ersten Winter, da die Steuerfedern der Altvögel breiter und am Ende runder sind.

Hausrotschwanz: weiblich oder immatur?

Auf den ersten Blick scheint die Unterscheidung von Männchen und Weibchen beim Hausrotschwanz einfach; bei genauerer Betrachtung erweist sich die Situation jedoch als komplizierter. Mit seinem grauschwarzen Gefieder und dem weißen Flügelfeld ist das Gefieder des adulten Männchens tatsächlich das einzige wirklich typische Kleid. So ähnelt das Gefieder der meisten Männchen bis zum Alter von einem Jahr dem Alterskleid der Weibchen, das vollständig graubraun ist und weder eine schwarze Gesichtszeichnung noch ein weißes Flügelfeld aufweist. Die Männchen im zweiten Kalenderjahr sind geschlechtsreif und bilden im Frühjahr nach dem Schlüpfen regelmäßig «weibliche» Paare. Anhand guter Fotografien und bei Beobachtung aus kurzer Entfernung (was bei dieser Art häufig möglich ist) lassen sich die juvenilen Männchen anhand ihrer juvenilen bräunlichen (abgenutzten) Schwungfedern und vor allem anhand ihrer juvenilen äußeren großen Armdecken mit rötlich hellem Saum, die oft mit den neuen inneren großen Armdecken adulten Typs (länger und mit grauem Saum) kontrastieren.

Zu dieser Zeit ist bei den adulten Weibchen der gesamte Flügel (Schwungfedern und Decken) adulten Typs ohne jeden Mauserkontrast. Bei Weibchen im zweiten Kalenderjahr ähnelt das Gefieder jedoch sehr dem der männlichen Altersgenossen, sodass sich die Geschlechter nur im Moment der Paarung unterscheiden lassen.

Manche männliche Hausrotschwänze der sogenannten *paradoxus*-Morphe tragen ein anders gefärbtes Kleid, das stark dem Alterskleid der Männchen mit mehr oder weniger schwärzlichem Gesicht und einer Andeutung eines weißen Flügelfelds dank des Saums der ein bis zwei erneuerten Schirmfedern ähnelt. Erstere unterscheiden sich von Letzteren jedoch durch den bräunlicheren Flügel (Hand- und Armschwingen sind juvenil ohne weißen Saum) und den rötlich cremefarbenen Saum der äußeren großen Armdecken. Dieses «Fortschrittskleid» kennzeichnet wahrscheinlich Vögel, die sehr früh im Jahr geschlüpft sind (aus ersten Bruten) und daher die Reifemauser im Alter von vier bis fünf Monaten durchlaufen, also mit einem höheren Hormonspiegel als die Jungvögel, die das Nest im August verlassen haben, da die Sexualhormone eine wichtige Rolle für die «adulte» Gefiederfärbung spielen.

Hausrotschwanz, weiblich, 1. Winter
Die rötlichen Spitzen der großen Armdecken sind typisch für die juvenilen Federn. Frankreich, November © Marc Duquet

Hausrotschwanz, weiblich, adult
Die großen Armdecken bilden eine hellgraue Flügelbinde. Siehe auch die Form der Steuerfedern. Frankreich, Oktober © Marc Duquet

Schwarz-weiße Fliegenschnäpper

Genau wie Pieper und Stelzen, aber auch Grasmücken und Ammern verfolgen Trauerschnäpper, Halsbandschnäpper und Halbringschnäpper bei der Mauser eine komplexe Alternativstrategie: Die Jungvögel durchlaufen im Herbst eine Reifemauser (Teilmauser), dann wie die Altvögel Ende des Winters eine Alternativmauser (Teilmauser) und Ende des Sommers eine Basismauser (Vollmauser). Beim Herbstzug zeigen also alle Individuen, juvenile und adulte, ein ähnliches Gefieder weiblichen Typs, was die Gechlechtsbestimmung und teilweise auch die Altersbestimmung schwierig macht und sogar bei der Bestimmung der Art zu Problemen führen kann.

Adulte und immature Fliegenschnäpper erkennen

Im Herbst ist die Form des weißen Saums der Schirmfedern bei allen Arten der schwarz-weißen Fliegenschnäpper das beste Merkmal zur Altersbestimmung: Bei den Altvögeln ist er nur am äußeren Ende der Außenfahne schmal und regelmäßig und setzt sich ohne Ausbuchtung an der Innenfahne fort. Bei den Jungvögeln im ersten Kalenderjahr ist dieser weiße Saum nur an der Außenfahne recht breit und an der Innenfahne schmaler mit einer Verbreiterung am Ende der Spitze der Feder und einer deutlichen Ausbuchtung im Bereich des Schafts. Dieses Merkmal ist recht leicht zu erkennen und ist das einzige Mittel zur Altersbestimmung bei den schwarz-weißen Fliegenschnäppern im Herbst.

Trauerschnäpper, 1. Winter
Der weiße Saum der Schirmfedern ist an der Außenfahne breit, an der Innenfahne jedoch sehr schmal. An der Spitze jeder Feder bildet er eine deutliche Ausbuchtung.
Frankreich, September © Marc Duquet

Trauerschnäpper, adult
Der weiße Saum der Schirmfedern ist an der Außenfahne breit (außer am äußeren Ende). Er wird gleichmäßig schmäler und setzt sich ohne Ausbuchtung an der Innenfahne fort.
Frankreich, September © Yann Cambon

Trauerschnäpper, männlich, 2. Kalenderjahr
Eine undeutliche, rudimentäre helle Binde findet sich an den juvenilen mittleren Armdecken (diese ist jedoch weniger deutlich als beim adulten männlichen Halbringschnäpper). Die braunen Flügel sind typisch für das 2. Kalenderjahr.
Frankreich, April © Aurélien Audevard

Zahlreiche Fliegenschnäpper im zweiten Kalenderjahr weisen außerdem am Ende der mittleren Armdecken eine kleine weißliche Flügelbinde auf – oder zumindest Ansätze dazu (helle Spitzen der juvenilen mittleren Armdecken) –, niemals aber die Altvögel, ausgenommen der Halbringschnäpper, für die genau dies wiederum ein charakteristisches Merkmal darstellt.

Halbringschnäpper-Syndrom

Im Herbst stellt sich bei der Beobachtung eines schwarzweißen Fliegenschnäppers mit Flügelbinde an den mittleren Armdecken unweigerlich die Frage, ob es sich eventuell um einen Halbringschnäpper handelt. Normalerweise liefert die Prüfung des weißen Saums an den Schirmfedern die Antwort: Entspricht dieser dem adulten Typ, so handelt es sich um einen Halbringschnäpper. Meist ist dieser Saum jedoch juvenilen Typs, was auf die wahrscheinlichste Art hindeutet: den Trauerschnäpper. Bei einem Halbringschnäpper im ersten Kalenderjahr ist der weiße Saum der Schirmfedern weniger breit, sodass diese nicht zu einem weißen Feld an der Basis der Schirmfedern verschmelzen, und die Flügelbinde der mittleren Armdecken ist häufig breiter und weißer als bei den Trauerschnäppern im ersten Winter.

Im Frühjahr, nach der Alternativmauser, sind die Schirmfedern und die Flügeldecken neu; die Vögel im zweiten Kalenderjahr lassen sich nur durch die juvenilen bräunlichen Schwungfedern (im Gegensatz zu den schwarzen Schwungfedern der Altvögel) identifizieren. Zu diesem Zeitpunkt muss jeder überdurchschnittlich graue Fliegenschnäpper mit kleiner weißer Flügelbinde an der Spitze der mittleren Armdecken besonders genau angeschaut werden, denn dieses Detail kennzeichnet die adulten Weibchen des Halbringschnäppers (sowie auch die adulten Männchen). Diese zweite Flügelbinde, die meist weniger ausgeprägt und weniger auffällig gefärbt ist, kann zwar bei manchen Trauerschnäppern im zweiten Kalenderjahr fortbestehen, weist dann aber sehr deutliche Zeichen von Abnutzung auf. Bei den weiblichen Halbringschnäppern weisen die Flügel wenig weiße Partien auf, da sowohl die Flügelbinde am Ende der großen Armdecken als auch der Saum an der Außenfahne der Schirmfedern sehr schmal ist. Die Schirmfedern mit ihrem schmalen weißen Rand bilden bei diesen Vögeln drei parallele Linien und kein weißes Feld wie bei Trauerschnäpper oder Halsbandschnäpper.

Halbringschnäpper, männlich *(rechts)*
Die weiße Flügelbinde an den mittleren Armdecken ist breit und deutlich sichtbar. Die braunen Schwungfedern zeigen, dass es sich um ein Männchen im 2. Kalenderjahr handelt.
Syrien, April © Aurélien Audevard

Pieper und Stelzen

Die Mauserstrategie der Stelzen und Pieper ist eine komplexe Alternativstrategie. Die Jungvögel durchlaufen im Herbst eine Teilmauser als Reifemauser. Unabhängig vom Alter durchlaufen dann alle Vögel gegen Ende des Winters ebenfalls als Teilmauser eine Alternativmauser und Ende des Sommers eine als Vollmauser verlaufende Basismauser.

Spornpieper und Steppenpieper

Außer den Lautäußerungen und dem recht unterschiedlichen allgemeinen Erscheinungsbild gehört die Zeichnung der mittleren (und großen Armdecken) zu den besten Kriterien zur Unterscheidung der beiden großen asiatischen Pieper, die sich gelegentlich in Westeuropa zeigen: Beim Spornpieper weisen diese Federn ein in der Mitte spitz zulaufendes schwarzes Feld mit breitem, rötlich cremefarbenem Saum auf. Beim Steppenpieper ist dieses schwarze Feld in den Armdecken rechteckiger mit kurzer Spitze (die nicht die Spitze der Feder erreicht), während der Rand der Feder breit cremefarben gesäumt ist.

Die Zeichnung der mittleren Armdecken der juvenilen Vögel hingegen ist bei beiden Arten gleich. Im Herbst und Winter bietet es sich zur Bestimmung der Vögel im «ersten Winter» an, die mittleren Armdecken zu prüfen, die in diesem Alter neu, also adulten Typs sind (manchmal nur eine einzige). Aber Achtung! Dieses Merkmal ist bei Jungvögeln und Altvögeln im Freiland sehr schwer auszumachen; jedoch ist es auf guten Fotografien meist erkennbar.

Bemerkenswert ist in diesem Zusammenhang, dass die beiden Arten nicht nach demselben Zeitplan mausern: Die

Spornpieper, adult
Die schildförmige schwarze Zeichnung der mittleren Armdecken ist typisch für die Art. Südkorea, Mai © Aurélien Audevard

Steppenpieper, adult
Die schwarze Zeichnung der mittleren Armdecken unterscheidet sich deutlich von derjenigen des Spornpiepers.
Mongolei, Mai © Aurélien Audevard

Spornpieper, 1. Winter
Trotz der mäßigen Qualität dieser Digiskopie ist zu erkennen, dass eine der mittleren Armdecken adulten Typs ist (breiter rötlicher Saum). Frankreich, November © Yves Dubois

Spornpieper, 1. Winter
Die großen und mittleren Armdecken sind adulten Typs, nur die äußeren großen Armdecken sind juvenilen Typs. Dies kennzeichnet ihn als einen Vogel im 1. Winter.
Frankreich, November © Frank Dhermain

Steppenpieper, 1. Winter
Alle mittleren und großen Armdecken sind juvenilen Typs und neu (klare, weiße Säume). Frankreich, Oktober © Fabrice Jallu

Steppenpieper, 1. Winter
Hier sind die mittleren und großen Armdecken noch juvenil, aber sie sind stark abgenutzt. Frankreich, Oktober © Aurélien Audevard

meisten Steppenpieper erneuern vor Ankunft im Winterquartier keine mittlere Armdecke, während die Spornpieper schon Anfang des Herbstes regelmäßig eine oder gar alle mittleren Armdecken erneuern. Im Oktober, dem Monat mit den meisten Beobachtungen dieser Pieper in Westeuropa, ist ein junger «großer asiatischer Pieper», bei dem noch alle mittleren Armdecken juvenilen Typs sind, mit sehr großer Wahrscheinlichkeit ein Steppenpieper. Jedoch muss dies durch Lautäußerungen bestätigt werden. Die Prüfung zahlreicher im Herbst in Frankreich aufgenommener Fotografien von Steppenpiepern zeigt Vögel mit vor allem juvenilen mittleren Armdecken, während die Spornpieper alle mindestens eine mittlere Armdecke adulten Typs aufweist.

Schafstelze, männlich, 2. Kalenderjahr *(oben)*
Die juvenilen äußeren großen Armdecken mit ihrer bräunlichen Farbe, aber auch der ausgewaschen grün wirkende Scheitel und die braunen juvenilen Handschwingen sind deutliche Zeichen von Immaturität: Es handelt sich hier um einen Vogel im 2. Kalenderjahr.
Frankreich, April © Christian Aussaguel

Schafstelze, 2. Kalenderjahr

Anfang des Jahres (Januar bis Mitte April) durchlaufen die männlichen Schafstelzen eine Alternativmauser (Teilmauser), die zu ihrem farbigen Prachtkleid führt. Die Jungvögel (geschlüpft im Vorjahr) durchlaufen zeitgleich ebenfalls eine Teilmauser. Im Gegensatz zu den Altvögeln, die ihre Schwungfedern schon bei der Basismauser zwischen Juli und September erneuert haben, weisen die Jungvögel im zweiten Kalenderjahr jedoch stärker abgenutzte, bräunliche Schwungfedern auf. Sowohl männliche als auch weibliche Vögel im zweiten Kalenderjahr behalten zu Beginn des Frühjahrs einige äußere große Armdecken juvenilen Typs. Anhand dieser im Frühjahr noch vorhandenen juvenilen Federn lassen sich die Vögel im zweiten Kalenderjahr von den Altvögeln unterscheiden.

Schafstelze, männlich, 2. Kalenderjahr *(links)*
Dieser Vogel wirkt erwachsen, aber die großen Armdecken sind bräunlich und kurz. Sie sind juvenilen Typs und kennzeichnen den Vogel als immatur. Frankreich, April © Aurélien Audevard

Maskenschafstelze – oder doch nicht?

Die Männchen der Unterart *feldegg* der Schafstelze sind durch einen schwarzen Kopf gekennzeichnet, mit recht scharfem Übergang zwischen dem Tiefschwarz der Kappe und der grünlichen Färbung des Mantels. Dieses Merkmal bezieht sich jedoch nur auf die adulten männlichen Tiere. Bei manchen Männchen im zweiten Kalenderjahr ist der Kopf weniger tiefschwarz und vor allem der Nacken ist heller schwärzlich grau. Diese Vögel könnten auch für eine Kreuzung zwischen den Unterarten *feldegg* und *flava* gehalten werden oder für Individuen der dunkelköpfigen Unterart *thunbergi*. Allerdings muss unabhängig von der Unterart das Alter der Schafstelze klar sein, bevor die Bestimmung der Unterart feststehen kann: Im Frühjahr weichen die Vögel im zweiten Kalenderjahr durch bräunliche, abgenutzte Schwungfedern deutlich vom Erscheinungsbild der Altvögel ab. Sie weisen selten noch juvenile Steuerfedern oder große Armdecken auf. Sind die Schwungfedern eines Männchens neu, also schwarz, während die Kappe diffus in den grünen Rücken übergeht, kann es sich nicht um eine hundertprozentig reine Maskenschafstelze handeln, sondern eher um eine Kreuzung oder um ein Männchen der Unterart *thunbergi* mit sehr dunklem Kopf.

Maskenschafstelze, männlich, 2. Kalenderjahr
Die bräunlichen Schirmfedern und mittleren Steuerfedern sind juvenilen Typs. Dies beweist, dass es sich um ein Männchen im 2. Kalenderjahr handelt, und erklärt, warum das Schwarz der Kappe nicht klar gegen den olivgrünen Rücken abgegrenzt ist.
Türkei, April © Vincent Palomares

Maskenschafstelze, männlich, adult
Dieser Vogel zeigt ein recht typisches Muster eines Altvogels: Die drei inneren großen Armdecken wurden früh ersetzt (Ende Herbst) und sind stärker abgenutzt als die übrigen Federn. Die Mauser wurde dann unterbrochen, und die mittleren und äußeren Armdecken wurden erst im Laufe des Winters bis zum frühen Frühjahr ersetzt, weshalb sie neuer aussehen. Entsprechendes gilt für die Schirmfedern. Die längste ist neu, die beiden anderen stammen vom letzten Herbst. Jedoch wurden diese Federn im Rahmen derselben Mauser erneuert.
Frankreich, April © Aurélien Audevard

Kleine Stieglitzartige

Dieses Kapitel beschreibt die Gegebenheiten für einige Arten dieser Verwandtschaftsgruppe, darunter Girlitz, Zitronenzeisig, Grünfink, Stieglitz, Erlenzeisig, Hänfling und Birkenzeisig. Jedoch sind die sich daraus ergebenden Schlussfolgerungen auf viele nahe verwandte Finken anwendbar.

Die Mauser der Stieglitzartigen

Die Stieglitzartigen verfolgen eine komplexe Basisstrategie mit nur einer als Vollmauser verlaufenden jährlichen Mauser nach der Brutsaison. Es kommt regelmäßig vor, dass die Mauser aufgrund eines begrenzten Nahrungsangebots unvollständig verläuft (einige Schwungfedern werden nicht erneuert) oder unterbrochen wird, manchmal bis in den Winter. Bei manchen Vögeln, insbesondere beim Erlenzeisig, findet im Winter eine begrenzte Alternativmauser statt. Dies erinnert uns daran, dass zwar die meisten nordamerikanischen Stieglitzartigen ebenfalls nach einer komplexe Basisstrategie mausern, der Goldzeisig jedoch die Besonderheit aufweist, dabei ein Alternativkleid auszubilden, das sich vom Basiskleid deutlich unterscheidet, also eine komplexe Alternativstrategie zu verfolgen.

Die Jungvögel vollziehen eine als Teilmauser verlaufende Reifemauser sehr variablen Umfangs. Bei vielen Vögeln der Regionen mit gemäßigtem Klima umfasst diese Mauser einen variablen Anteil der Flügeldecken, jedoch keine Schwungfedern und keine oder nur wenige Steuerfedern. Im Mittelmeerraum schlüpfen die jungen Vögel früher im Jahr und sind intensiverer Sonnenstrahlung ausgesetzt. Dies wäre eine mögliche Erklärung für die Notwendigkeit einer ausgedehnteren oder gar vollständigen Reifemauser schon im ersten Zyklus. Das Ersetzen der Handschwingen im Rahmen dieser Reifemauser zeigt eigentümliche Merkmale: Die Mauserrichtung ist häufig exzentrisch oder absteigend, was zum Erneuern der mittleren Handschwingen führt, wie beispielsweise beim Bluthänfling. Sehr ähnlich ist die Situation in Nordamerika mit einer Reifemauser, die bei den südlicheren Arten wie dem Maskenzeisig oder dem Mexikozeisig sehr ausgedehnt oder als Vollmauser verlaufen kann.

Jedenfalls bedeutet dies, dass die Altvögel zwischen Herbst und Frühjahr an Flügeln und Schwanz nur Federn einer Generation aufweisen, während die Vögel im ersten Lebensjahr bis zur zweiten Basismauser hier einen Mauserkontrast zeigen. Im Falle der vollständigen Reifemauser ist es natürlich nicht möglich, einen juvenilen von einem adulten Vogel zu unterscheiden. Bei anderen Individuen mit umfangreicher Reifemauser ist an Handdecken, Schwungfedern oder Steuerfedern nach einem Mauserkontrast zu suchen, was nicht immer einfach ist, wenn man den Vogel nicht in der Hand hat.

Große Armdecken als Alterskriterium

In der Mehrzahl der Fälle sind noch eine oder mehrere juvenile große Armdecken (die äußersten) vorhanden und bilden einen Kontrast zu den neuen inneren Armdecken. Generell ausgedrückt, sind die juvenilen großen Armdecken kürzer und brauner und weisen einen helleren, schmaleren und weniger klar definierten Saum auf. Die durchschnittliche Zahl der im Rahmen dieser Reifemauser erneuerten großen Armdecken nach Arten beträgt zwei bis drei beim Taigabirkenzeisig, vier bis fünf beim Birkenzeisig, vier bis sieben beim Girlitz, eher neun bis zehn beim Stieglitz und beim Grünfink. Bei diesen Arten scheint der Umfang der Reifemauser mit der geografischen Breite zusmmenzuhängen.

Polarbirkenzeisig, juvenil
Dieser Jungvogel zeigt typische Merkmale der juvenilen Vögel bis ins Frühjahr: braune, abgenutzte Handdecken, spitze Steuerfedern, schmale, gelbbräunliche Säume an den großen Armdecken. Finnland, Juni © Sébastien Reeber

Erlenzeisig, männlich, 1. Winter
Im Verlauf der Reifemauser behält der Erlenzeisig häufig zwei bis vier äußere große Armdecken des Jugendkleides. Diese sind kürzer, in der Mitte weniger schwarz und an den Säumen weißer und schmäler. Frankreich, Dezember © Didier Pépin

Birkenzeisig, adult
Der Umfang der Rosafärbung an Kopf und Brust, das Fehlen eines Mauserkontrasts an den großen Armdecken und das Erscheinungsbild der Handdecken lassen auf ein adultes Männchen schließen. Québec, April © Marc Duquet

Erlenzeisig, männlich, adult
Die großen Armdecken dieses adulten Erlenzeisigs weisen keinerlei Mauserkontrast auf (im Vergleich zum 1. Winter). Sie bilden eine große, durchgehende, gleichmäßig breite gelbe Flügelbinde. Frankreich, März © Fabrice Jallu

Ammern

Spornammern und Schneeammern, die von den echten Ammern der Gattung *Emberiza* phylogenetisch gesehen recht weit entfernt sind, mausern nach einer komplexen Basisstrategie. Sie durchlaufen als adulte Tiere also nur eine jährliche Mauser und sind ein gutes Beispiel für eine Änderung des Erscheinungsbilds durch Gefiederabnutzung. Bei den Männchen dieser Art sind die Säume der Körperfedern an der Federbasis anders gefärbt. Wenn sich die Säume abnutzen, ändert sich die Farbe des Vogels. Die normalerweise der Gattung *Emberiza* zugeordnete Grauammer weicht in einiger Hinsicht von den übrigen Arten der Gattung ab, unter anderem durch ihre komplexe Basisstrategie mit einer als Vollmauser verlaufenden Reifemauser, die zeitgleich mit der Basismauser der Altvögel stattfindet.

Spornammer, männlich, im Schlichtkleid
Beim neuen Gefieder überdecken die hellen Säume das Erscheinungsbild des Prachtkleids.
Frankreich, Oktober © Philippe J. Dubois

Im eurasischen Raum verfolgen die Ammern der Gattung *Emberiza* eine komplexe Alternativstrategie. Die Reifemauser erfolgt zwischen Juli und Oktober und umfasst die Körperfedern, meist alle Oberflügeldecken, einen Teil oder alle Federn der Alula und der Schirmfedern, manchmal bis häufig die mittleren Steuerfedern und seltener die übrigen Steuerfedern. Die Basismauser der Altvögel findet bei den meisten Arten nach der Brutsaison statt, zeitgleich mit der Reifemauser, also vor dem Herbstzug. Die im Winter ablau-

Spornammer, männlich, im Prachtkleid
Das Erscheinungsbild des Prachtkleids geht nicht auf eine Mauser zurück, sondern auf die Abnutzung der Federsäume. Es gibt tatsächlich nur ein Jahreskleid. Norwegen, Juni © Sébastien Reeber

Zwergammer
Die wenig ausgeprägten Scheitelseitenstreifen und die rötliche Färbung von Gesicht und Flügeldecken deuten auf einen jungen Vogel hin, aber die spitz zulaufenden Steuerfedern sind das zuverlässigere Altersmerkmal. Frankreich, Oktober © Fabrice Jallu

fende Alternativmauser betrifft einen begrenzten Teil der Federn von Kopf und Mantel sowie in Ausnahmefällen der Steuerfedern. Sie kann, beispielsweise bei der Zaunammer, vollständig unterbleiben, ist aber beispielsweise beim Ortolan wesentlich umfangreicher und umfasst hier auch die Körperfedern, die Schirmfedern und einen variablen Teil der Flügeldecken und der Steuerfedern.

Wie bei zahlreichen anderen Vogelfamilien sind die Unterschiede hinsichtlich der Mauserstrategien in erster Linie mit den Zugdistanzen verknüpft. Der Ortolan durchläuft eine weniger umfangreiche Reifemauser, eine Basismauser, die eventuell während des Herbstzugs unterbrochen wird, und eine ausgedehntere Alternativmauser im Winterquartier. Umgekehrt gilt eine als Vollmauser verlaufende Reifemauser als klassisches Merkmal der mediterranen Populationen beispielsweise der Rohrammer.

Juvenile und adulte Vögel im Herbst

Die Bestimmung des Alters im Herbst ist bei vielen Ammerarten nicht einfach. Viele Ammern weisen individuelle Färbungsunterschiede auf, welche die zwischen den Altersstufen bestehenden Unterschiede teilweise überlagern. Daher wird man sich häufig auf die Form oder Färbung noch vorhandener juveniler Federn und, zwischen Herbst und darauffolgendem Frühjahr, auf Mauserkontraste verlassen müssen. In erster Linie wird man nach juvenilen Steuerfedern suchen, die brauner, abgenutzt, schmäler und spitzer sind und mit den adulten mittleren Steuerfedern kontrastieren, die möglicherweise die juvenilen Federn schon ersetzt haben.

Der andere zu suchende Mauserkontrast betrifft die großen Armdecken: Solange nur ein Teil dieser Federn erneuert wurde, besteht zwischen den inneren Armdecken des Reifekleides und den juvenilen äußeren Armdecken ein recht deutlicher Kontrast. Zahlreiche Ammern erneuern im Rahmen der Reifemauser jedoch alle großen Armdecken. In diesem Fall können die Handdecken weiterhelfen, da juvenile Handdecken spitzer geformt sind und je nach Art andere Säume als die Handdecken adulten Typs aufweisen. Und schließlich können möglicherweise auch die Schirmfedern einen entsprechenden Mauserkontrast aufweisen.

Anhang

Beobachtungsaufgaben

Bei den nachfolgenden Abbildungen können Sie nun das Gelernte anwenden. Schauen Sie bei den abgebildeten Vögeln bewusst die verschiedenen Federgruppen an. Versuchen Sie einen Mauserkontrast, abgenutzte Federn oder nachwachsende Federn zu finden und daraus auf Alter beziehungsweise Geschlecht des Vogels zu schließen. Die Lösungen finden sich ganz hinten im Buch.

Sanderling *(rechts)*
Frankreich, August © Fabrice und Laurent Desage

Bergfink *(unten)*
Frankreich, Januar © Édouard Dansette

Habicht *(oben)*

Frankreich, November © Aurélien Audevard

Rotdrossel *(unten)*

Frankreich, Januar © Thierry Quelennec

Mantelmöwe *(oben)*
Frankreich, November © Sébastien Reeber

Steinschmätzer *(unten)*
Frankreich, Oktober © Marc Duquet

Bibliografische Nachweise

MONOGRAFIEN

- Alström P. & Mild K. (2003). *Pipits & Wagtails of Europe, Asia and North America. Identification and Systematics.* Christopher Helm, London.
- Baker K. (2016). *Identification Guide to European Non-Passerines.* BTO Guide 24, British Trust for Ornithology, Thetford.
- Balzari C. & Gygax A. (2019). *Vogelarten der Schweiz.* Haupt Verlag, Bern.
- Balzari C., Griesohn-Pflieger T., Gygax A., Lücke R. & Graf R. (2013). *Vogelarten Deutschlands, Österreichs und der Schweiz.* Haupt Verlag, Bern.
- Byers C., Olsson U. & Curson J. (1995). *Buntings and Sparrows. A Guide to the Buntings and North American Sparrows.* Pica Press, Sussex.
- Campbell B. & Lack E. (1985). *A Dictionary of Birds.* The British Ornithologists' Union. T. & A.D. Poyser, Calton.
- Clement P., Harris A. & Davis J. (1993). *Finches & Sparrows. An Identification Guide.* Christopher Helm, London.
- Clement P. & Hathway R. (2000). *Thrushes.* Christopher Helm, London.
- Clement P. & Rose C. (2015). *Robins and Chats.* Christopher Helm, London.
- Cramp S. (1985-1992). *The Birds of the Western Palearctic.* Vol. IV–VI. Oxford University Press, Oxford.
- Cramp S. & Perrins C.M. (1993–1994). *The Birds of the Western Palearctic.* Vol. VII–IX. Oxford University Press, Oxford.
- Cramp S. & Simmons K. E. L. (1977–1983). *The Birds of the Western Palearctic.* Vol. I–III. Oxford University Press, Oxford.
- Demongin L. (2016). *Identification Guide to Birds in the Hand.* Beauregard-Vendon.
- Duquet M. (2017). *Des Plumes et des ailes. Pourquoi et comment volent les oiseaux.* Delachaux et Niestlé, Paris.
- Duquet M. (2018). *La Cigogne blanche.* Delachaux et Niestlé, Paris.
- Fiedler W. (2015). *Die Vögel Mitteleuropas sicher bestimmen.* Quelle & Meyer, Wiebelsheim.
- Forsman D. (1999). *The Raptors of Europe and the Middle East. A Handbook of Field Identification.* T. & A. D. Poyser, London.
- Fraigneau C. (2017). *Identifier les plumes des oiseaux d'Europe occidentale.* Delachaux et Niestlé, Paris.
- Gejl L. (2019). *Europas Greifvögel.* Haupt Verlag, Bern.
- Gejl L. (2019). *Die Watvögel Europas.* Haupt Verlag, Bern.
- Ginn H. B. & Melville D. S. (1983). *Moult in Birds.* BTO Guide n°19, British Trust for Ornithology, Tring.
- Jenni L. & Winkler R. (2011). *Moult and Ageing of European Passerines.* Christopher Helm, London.
- Jiguet F. & Audevard A. (2020). *Irrgäste.* Haupt Verlag, Bern.
- Lesaffre G. (2000). *Le Manuel d'ornithologie.* Delachaux et Niestlé, Paris.
- Lovette I. J. & Fitzpatrick J. W. (eds) (2016). *Handbook of Bird Biology.* The Cornell Lab of Ornithology, third edition. John Wiley & Sons, Chichester.
- Proctor N. S. & Lynch P. J. (1993). *Manual of Ornithology. Avian Structure & Function.* Yale University Press, New Haven and London.
- Pyle P. (1997). *Identification Guide to North American Birds.* Part. 1. Slate Creek Press, Bolinas.
- Pyle P. (2008). *Identification guide to North American birds.* Part. 2. Slate Creek Press, Bolinas.
- Reeber S. (2017). *Entenvögel.* Kosmos, Stuttgart.
- Robb M., Mullarney K. & The Sound Approach (2008). *Petrels Night and Day.* The Sound Approach, Dorset.
- Shirihai H. & Svensson L. (2018). *Handbook of Western Palearctic Birds. Vol. I. Passerines: Larks to Phylloscopus Warblers.* Helm, London.
- Shirihai H. & Svensson L. (2018). *Handbook of Western Palearctic Birds. Vol. II. Passerines: Flycatchers to Buntings.* Helm, London.
- Sibley D. A (2017). *Sibley's Birding Basics. How to Identify Birds, Using the Clues in Feathers, Habitats, Behaviors and Sounds.* Alfred A. Knopf, New York.
- Snow D. W. & Perrins C. M. (1998). *The Birds of the Western Palearctic. Concise Edition.* Vol. I–II. Oxford University Press, Oxford.
- Svensson L., Mullarney K. & Zetterström D. (2017). *Der Kosmos Vogelführer.* Kosmos, Stuttgart.
- Svensson L. (1992). *Identification Guide to European Passerines.* Fourth revised and enlarged edition. Stockholm.
- Van Duivendijk N. (2011). *Advanced Bird ID Handbook. The Western Palearctic.* New Holland Publishers, London.
- Wink, M. (2020). *Ornithologie für Einsteiger und Fortgeschrittene.* Springer Spektrum, Heidelberg.

AUFSÄTZE

- Bolton M., Smith A. L., Gomez-Diaz E., Friesen V. L., Medeiros R., Bried J., Roscales J. L. & Furness R. W. (2008). Monteiro's Storm Petrel *Oceanodroma monteiroi*: a New Species from the Azores. *Ibis* 150 (4): 717–727.
- Clark W.S. (2004). Wave Moult of the Primaries in Accipitrid Raptors, and its Use in Ageing Immatures. *In* CHANCELLOR R. D. & MEYBURG B.-U. (eds), *Raptors Worldwide.* Proceedings of the 6th World Conference on Birds of Prey and Owls, May 2003, Budapest, WWGBP/MME: 795-804.
- Clark W.S. (2007). Raptor Identification, Ageing and Sexing. *In* BIRD D. M. & BILDSTEIN K. L. (eds), *Raptor Research and Management Techniques.* Surrey, Hancock House Publ.: 47–56.
- Croset F. (2005). Éléments d'identification. Déterminer l'âge des Cigognes noires *Ciconia nigra. Ornithos* 12-3: 135–139.
- Duquet M. (1999). Éléments d'identification. Critères d'âge des Gobemouches noirs *Ficedula hypoleuca* à l'automne. *Ornithos* 6-3: 122–124.
- Duquet M. (2008). Éléments d'identification. Les femelles de gobemouches «noir et blanc» au printemps. *Ornithos* 15-1: 34–39.
- Duquet M. (2008). Premières mentions du Gobemouche à demi-collier *Ficedula semitorquata* en France. *Ornithos* 15-1: 64–67.
- Duquet M. (2009). Éléments d'identification. Comment déterminer facilement l'âge des buses *Buteo* sp. en vol. *Ornithos* 16-1: 56–62.
- Duquet M. (2015). Éléments d'identification. Critères d'âge du Faucon kobez *Falco vespertinus* au printemps. *Ornithos* 22-3: 146–165.
- Duquet M. (2015). Critères d'âge du Faucon kobez *Falco vespertinus* au printemps: correctifs et compléments. *Ornithos* 22-5: 259–263.
- Duquet M. (2018). Éléments d'identification. Détermination de l'âge chez la Cigogne blanche *Ciconia ciconia. Ornithos* 25-1: 14–23.
- Duquet M. (2018). La Grive mauvis islandaise *Turdus iliacus coburni*: statut en France et identification. *Ornithos* 25-3: 142–161.
- Edelstam C. (1984). Patterns of Moult in Large Birds of Prey. *Ann. Zool. Fennici* 21: 271–276.
- Howell S. N. G., Corben C., Pyle P. & Rogers D. I. (2003). The First Basic Problem: a Review of Molt and Plumage Homologies. *The Condor* 105: 635–653
- Humphrey P. S. & Parkes K. C. (1959). An Approach to the Study of Molts and Plumages. *The Auk* 76: 1–31.
- Jenni L. & Winkler R. (2004). The Problem of Molt and Plumage Homologies and the First Plumage Cycle. *The Condor* 106 (1): 187–190.
- Jukema J., Van de Wetering H. & Klaassen R. H. G. (2015). Primary Moult in Non-Breeding Second-Calendar-Year Swifts *Apus apus* during Summer in Europe. *Ringing & Migration* 30-1: 1–6.
- Marmillot V., Gauthier G., Cadieux M.-C. & Legagneux P. (2016). Plasticity in Moult Speed and Timing in an Arctic-Nesting Goose Species. *Journal of Avian Biology* 47: 001–009.
- Mathiasson S (1973). A Moulting Population of Non-Breeding Mute Swans with Special Reference to Flight-Feather Moult Feeding Ecology and Habitat Selection. *Wildfowl* 24: 43–53.
- Newton I. (1967). Feather Growth and Moult in Some Captive Finches. *Bird Study* 14-1: 10–24.
- Newton I. (1969). Moults and Weights of Captive Redpolls *Carduelis flammea. Journal für Ornithologie* 110-1: 53–61.
- Prince P. A., Weimerskirch H., Huin N. & Rodwell S. (1997). Molt, Maturation of Plumage and Ageing in the Wandering Albatross. *The Condor* 99: 58–72.
- Rohwer S., Ricklefs R. E., Rohwer V. G. & Copple M. M. (2009). Allometry of the Duration of Flight Feather Molt in Birds. *PLOS Biology* 7 (6): e1000132.
- Serra L. & Underhill L. G. (2006). The Regulation of Primary Molt Speed in the Grey Plover, *Pluvialis squatarola. Acta Zoologica Sinica* 52 (supplement): 451–455.
- Stresemann E. (1963). Variations in the Number of Primaries. *The Condor* 65-6: 449–459.
- Svensson L. & Vinicombe K. H. (2010). Letters. The Malar Stripe. *British Birds* 103: 241–242.
- Tonra C. M. & Reudink M. W. (2018). Expanding the Traditional Definition of Molt-Migration. *The Auk* 135 (4): 1123–1132.
- Vargas A. O. & Fallon J. F. (2005). The Digits of the Wing of Birds Are 1, 2 and 3. A Review. *Journal of Experimental Zoology (Mol. Dev. Evol.)* 304B: 1–14.
- Wetmore A. (1936). The Number of Contour Feathers in Passeriforms and Related Birds. *The Auk* 53: 159–169.
- Xu X. & Mackem S. (2013). Tracing the Evolution of Avian Wing Digits. Review. *Current Biology* 23: R538–R544.
- Zuberogoitia I., Zabala J. & Marinez J. E. (2018). Moult in Birds of Prey: a Review of Current Knowledge and Future Challenges for Research. *Ardeola* 65 (2): 183–207.

Namensverzeichnis

Weitere Bildnachweise

8 **Wanderfalke:** Frankreich, März © Christian Aussague
48 **Spornammer:** Frankreich, Oktober © Fabrice Jallu
104 **Graubruststrandläufer:** Frankreich, September © Sébastien Reeber
180 **Graureiher:** Frankreich, März © Marc Duquet

ösungen zu den Beobachtungsaufgaben

Seite 182

Das Gefieder dieses **Bergfinks** ist überwiegend neu. An den großen Armdecken ist ein Mauserkontrast zu sehen. Die inneren großen Armdecken mit breitem rötlichem Rand entsprechen dem adulten Typ, die äußeren, kürzeren Armdecken mit schwarzem Ende sind juvenil. Es handelt sich also um einen Vogel im Reifekleid (1. Winter), worauf auch die spitz zulaufenden Steuerfedern hindeuten.

Seite 183

Dieser **Sanderling** weist stark abgenutzte Flügeldecken aus dem vorigen Herbst, einige abgenutzte Schulterfedern des Alternativkleids und einige Reste des farbigen Alternativkleids an Kopf und Brust sowie neue Schulterfedern des Basiskleids auf. Reifemauser und Alternativmauser variieren zwischen den Individuen stark im Umfang; es ist im Sommer häufig unmöglich, einen Vogel im 2. Kalenderjahr von einem adulten Vogel zu unterscheiden.

Seite 184 (oben)

Die unteren Bereiche und der Kopf dieses **Habichts** weisen Federn des adulten Typs auf, aber einige kleine und mittlere Oberflügeldecken sowie mehrere mittlere Armschwingen mit ihrem ausgebleichten braunen Farbton sind eindeutig juvenil. Es handelt sich also um einen Vogel im 2. Kalenderjahr. Die nicht juvenilen Federn (dunkelbraun) und die breite Bänderung der Unterseite deuten auf ein Weibchen hin.

Seite 184 (unten)

Auch hier sind es die großen Armdecken, die Aufschluss über das Alter dieser **Rotdrossel** geben: Die drei inneren großen Armdecken sind adulten Typs mit einem unklaren kleinen, hellen, runden Fleck auf der Außenfahne, während die noch nicht ersetzten juvenilen großen Armdecken einen weißlichen Fleck aufweisen, der sich auch entlang des Schafts erstreckt. Es handelt sich hier also um einen Vogel im 1. Winter (Reifekleid).

Seite 185 (oben)

Die Flügeldecken dieser **Mantelmöwe** sind alle juvenilen Typs, schokoladenbraun mit breiten weißen Säumen, aber die meisten Schulterfedern sind neu und entsprechen dem Alternativkleid. Der Schnabel ist noch weitgehend schwarz, fängt aber an der Basis an sich aufzuhellen. Es handelt sich um einen Vogel im 1. Winter, dessen Alternativmauser schon recht fortgeschritten ist, während die juvenilen Federn kaum abgenutzt sind.

Seite 185 (unten)

Das Gefieder dieses **Steinschmätzers** ist vollständig neu. Die Federn weisen breite rötlich cremefarbene (große Armdecken, Armschwingen und Handschwingen) oder weißliche (kleine und mittlere Armdecken, Handdecken) Säume auf. Die Steuerfedern und die Handschwingen sind deutlich zugespitzt, während sie beim Altvogel abgerundet sind. Es handelt sich also um einen Vogel im 1. Winter. Der Zügelstreif deutet eher auf ein Männchen hin.

LEGENDE ZU MAUSERDIAGRAMMEN

Bei der Mauser von Flügeln und Körperfedern verhält sich die Dicke des Balkens proportional zum Prozentsatz der Vögel, die in diesem Zeitraum mausern: feiner Balken = unter 10 %, mitteldicker Balken = weniger als 50 %, dicker Balken = mehr als 50 % der Vögel in der Mauser; gestrichelter Balken = Mauser unterbrochen.

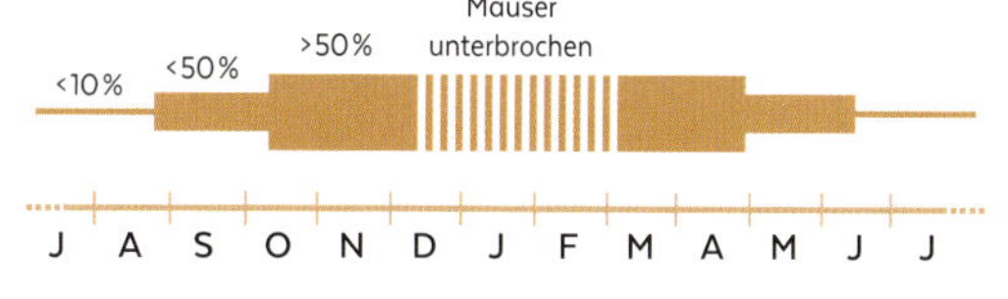

Die französischsprachige Originalausgabe erschien 2019 unter dem Titel
Comprendre la mue des oiseaux, une aide pour l'ornitho de terrain bei Delachaux et Niestlé, Paris.

Gestaltung des Inhalts: Mathilde Delattre-Josse
Illustrationen: Sébastien Reeber (ausser auf Seite 31: François Desbordes)

Aus dem Französischen übersetzt von Heike Scherer, D-Stuttgart
Fachlektorat der deutschsprachigen Ausgabe: Bruno Kremer, D-Wachtberg
Satz der deutschsprachigen Ausgabe: Die Werkstatt Medien-Produktion GmbH, D-Göttingen
Gestaltung des Umschlags der deutschsprachigen Ausgabe: pooldesign, CH-Zürich

Wir verwenden FSC-Papier. FSC sichert die Nutzung der Wälder gemäß sozialen, ökonomischen und ökologischen Kriterien.

Gedruckt in Slowenien

Diese Publikation ist in der Deutschen Nationalbibliografie verzeichnet.
Mehr Informationen dazu finden Sie unter http://dnb.dnb.de.

1. Auflage: 2020

ISBN 978-3-258-08205-9

Der Haupt Verlag wird vom Bundesamt für Kultur mit einem Strukturbeitrag für die Jahre 2016–2020 unterstützt.

Wir verlegen mit Freude und großem Engagement unsere Bücher. Daher freuen wir uns immer über Anregungen zum Programm und schätzen Hinweise auf Fehler im Buch, sollten uns welche unterlaufen sein. Falls Sie regelmäßig Informationen über die aktuellen Titel im Bereich Natur erhalten möchten, folgen Sie uns über Social Media oder bleiben Sie via Newsletter auf dem neuesten Stand!

www.haupt.ch